荻山和也
的手作面包

零基础学会50道超容易手作间食

极简日式
烘焙日常 3

〔日〕荻山和也 著

谷文诗 译

江苏凤凰科学技术出版社

大家齐动手，派对乐无穷

布置餐桌趣味多　　　　　　　　　　4

使面包更加美味可爱的小技巧　　　　6

伴手礼为品味加分　　　　　　　　　8

第一章 使用家用面包机和面
制作人气西点面包

[使用擀面杖]

巧克力编花面包　　　　　　　　　12

肉桂卷编花面包　　　　　　　　　16

果酱面包　　　　　　　　　　　　17

花生面包　　　　　　　　　　　　18

红薯面包　　　　　　　　　　　　19

[包裹内馅]

蓝莓芝士面包　　　　　　　　　　20

奶油面包　　　　　　　　　　　　22

果酱面包　　　　　　　　　　　　24

豆沙面包　　　　　　　　　　　　25

[制作酥皮]

牛奶大理石面包　　　　　　　　　26

酥皮面包　　　　　　　　　　　　28

心形杏仁酥皮面包　　　　　　　　30

蜜瓜包　　　　　　　　　　　　　32

黑糖葡萄干蜜瓜包　　　　　　　　34

[搓圆 & 压扁]

砂糖葡萄干面包　　　　　　　　　36

牛奶纺锤面包　　　　　　　　　　38

潘妮托妮　　　　　　　　　　　　40

甜欧包　　　　　　　　　　　　　41

橙皮布里欧修　　　　　　　　　　42

砂糖面包　　　　　　　　　　　　44

皇家苹果面包　　　　　　　　　　45

[使用擀面杖 < 进阶篇 >]

国王面包　　　　　　　　　　　　46

黑糖面包　　　　　　　　　　　　48

甜比萨　　　　　　　　　　　　　50

蜂蜜棒　　　　　　　　　　　　　52

巧克力法式乡村面包　53

巧克力大理石面包　54

抹茶大理石面包　56

砂糖丹麦酥　58

苹果丹麦酥　60

[油炸]

油炸
DEEP FRY

原味甜甜圈　64

豆沙甜甜圈　65

[水煮]

水煮
BOIL

抹茶黑糖贝果　66

蓝莓贝果　67

肉桂葡萄干贝果　67

第二章 烘焙过程全部在面包机内完成
轻轻一按　美味呈现

双梅芝士吐司　72

苹果香蕉吐司　74

巧克力梅果吐司　75

无花果红茶吐司　76

南瓜肉桂吐司　77

焦糖核桃仁吐司　79

酸奶橙皮黑麦面包　80

白巧克力抹茶吐司　81

甜纳豆吐司　82

黑糖芝麻吐司　83

第三章 自己动手为面包整形
享受整形的乐趣

肉桂面包卷　86

巧克力酥皮面包　88

芝麻豆沙面包　91

葡萄干橙皮面包　92

黑糖坚果面包　94

- 书中使用的面包机为松下 SD － BMS102（500 克面包）、 松下 SD － BMS151（750 克面包）。
- 所有材料均以"克"为单位。无法用"克"计量时，使用 1 大匙（15 毫升）、1 小匙（5 毫升）表述。
- 书中使用微波炉加热时所标注的参考时间为 600 瓦微波炉的情况。由于微波炉种类不同，可能会产生误差。
- 使用烤箱烘烤的时间只是参考时间，由于烤箱的型号不同，可能存在误差。请在参考书中时间的基础上，根据实际情况操作。使用电器制作料理时，请注意不要烫伤。

大家齐动手，派对乐无穷

布置餐桌
趣味多

烤好面包之后约来几个闺蜜，
在家中办一场奢华的面包派对。
也许许多朋友会追着你问：
"真好吃呀！这个是怎么做的？"
既然大家都聚在一起，
试着一起学做烘焙面包也是个不错的选择。

"布置餐桌"，机会难得，布置餐桌也不能马虎！只要掌握 8 个要点，就能布置出可爱餐桌。

✳ 冷却架

　　只需将刚出炉的面包或还没切分的面包放在冷却架上，就可以给它的可爱度加分。如果想要使面包看上去更加诱人，可以选择白色或藤条质感的冷却架。

✳ 纸杯

　　只需简简单单地缠几圈纸胶带，普普通通的纸杯就可以变得时尚感十足！纸杯色彩缤纷，造型各异，挑选时也充满趣味！

✳ 餐叉

　　餐叉柄的一端贴有贴纸，既显得可爱，又便于分辨。

✳ 纸拉花

　　如果墙面过于单调，可以用纸拉花进行装饰。将几张剪成蝴蝶形的彩纸叠在一起，订在蕾丝缎带上，可爱的纸拉花就做好啦！

✳ 果酱瓶

　　将小小的果酱瓶放在蛋托盒中会显得非常可爱。可以选择绘有插画的蛋托盒。

✳ 色彩缤纷的小点心

　　餐桌上如果只有面包，难免有些单调。这时可以摆放一些五颜六色的小点心，让餐桌显得更加缤纷多彩。

✳ 面包篮

　　使用装有各种口味面包的奢华面包篮。篮子底部可以提前铺好耐油纸，使用起来非常方便。

✳ 牙签插牌

　　如果面包表面没有果仁等装饰，可以在上面插一个装饰牙签插牌，感观立刻变得不一样，可爱度倍增。

书中介绍的所有西点面包，出炉后都可以直接食用。
但是如果能够在外表上稍下功夫，美味程度就会进一步提升。
可以通过将面包切成好看的形状、
把它们摆在餐巾上等小窍门，
让普通的面包摇身一变，成为备受大家喜爱的甜点。
烘烤面包前的餐桌布置也将令人无比兴奋。

活力十足的女生聚会

　　参加派对的全部是女孩时，可以将面包切成小块，插好带有宝石装饰的牙签插牌，这样既显得华丽，又方便食用。

使用到的面包　　　[做法]

巧克力大理石面包　▶▶ P54
橙皮布里欧修　　　▶▶ P42
抹茶黑糖贝果　　　▶▶ P66

大家一起做甜点

　　如果你希望来参加聚会的朋友们能够一起动手参与完成某项活动，那么可以使用以下方案。
只需一起动手将面包切成小块，放进玻璃杯中，一款"简易芭菲"就做好啦。
还可以在玻璃杯中依据个人口味添加水果、马斯卡彭芝士、鲜奶油
等配料。另外，加入冰块也非常美味。

使用到的面包　　　[做法]

红薯面包　　　　　▶▶ P19
巧克力法式乡村面包 ▶▶ P53

孩子较多的聚会

如果参加派对的人中孩子比较多，可以准备一些带有动物或水果花纹的餐巾，用它代替盘子盛放面包。孩子们在吃面包时，会意识到这个面包属于自己，例如会认为"我的面包是这个大苹果"等，吃起来也会更加认真。

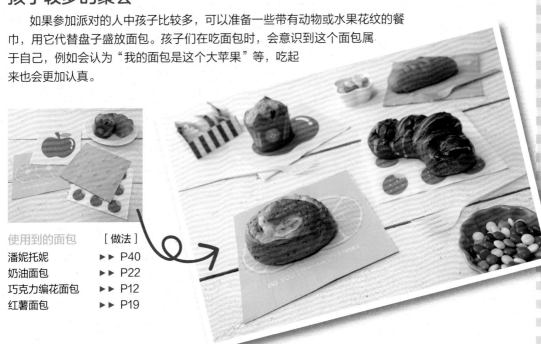

使用到的面包　　　[做法]

潘妮托妮　　　　▶▶ P40
奶油面包　　　　▶▶ P22
巧克力编花面包　▶▶ P12
红薯面包　　　　▶▶ P19

没有时间也想要参加聚会

有些人虽然没有充足的时间，但还是想来参加派对和大家见一面。为了应对这种情况，可以在面包旁摆放一些可爱的纸袋。客人准备离开时，主人可以将面包装进纸袋作为伴手礼送出，客人一定会非常开心。还可以用纸袋代替盘子，吃起来也会更加方便。

使用到的面包　　　[做法]

奶油面包　　　　▶▶ P22
蓝莓贝果　　　　▶▶ P67

伴手礼
为品味加分

参加聚会时可以将
自己烘烤的面包作为小礼物送给别人，
自己开聚会时也可准备些面包
作为伴手礼送予宾客。
如果可以将面包包装得可爱一些，
必将会成为宾客心中非常美好的回忆。
只需简单几步，
就可以令普通面包华丽变身。
下面就为大家介绍圆面包、
细长面包、长方形面包的包装方法。

利用各种
素材令包装
更加可爱

使用到的面包	[做法]
圆面包代表	
贝果	▶▶ P66
细长面包代表	
蜂蜜棒	▶▶ P52
长方形面包代表	
果酱面包	▶▶ P17

包装贝果

- 透明包装袋
- 圆形蕾丝花纹纸
- 胶带
- 纸（个人喜欢的花纹）

包装方法

❶ 准备几张带有花纹的纸。

❷ 将纸放入透明包装袋内，将贝果放在纸上。

❸ 用胶带将包装袋封口。将圆形蕾丝花纹纸切成4张大小相等的扇形，取1张扇形蕾丝花纹纸贴在包装袋的一角。

包装蜂蜜棒

准备材料

- 耐油纸
- 纸质餐巾
- 彩色金属丝

包装方法

❶ 将蜂蜜棒放在耐油纸上卷好，两端拧紧。

❷ 纸质餐巾裁成长条后将蜂蜜棒放在餐巾正中央。

❸ 将餐巾上面部分拧紧后，用彩色金属丝系好。

包装果酱面包

准备材料

- 透明包装袋
- 彩色金属丝
- 彩线

包装方法

❶ 将彩色金属丝卷成草莓的形状。

❷ 将面包装进透明包装袋，用彩线系好封口。

❸ 将金属丝草莓别在彩线上。

使用家用面包机和面

制作人气
西点面包

使用家用面包机制作面包时，

如果只是做一些外形普通的面包，

未免有些大材小用，

我们可以利用它制作出市场上热售的各种形状的面包。

和好的面团在面包机内或被拉长，或被搓圆，

成为形状各异的面包，

这个过程真的非常有趣。

大家一起参与时，更是乐趣加倍！

巧克力编花面包
Chocolate Roll

每咬一口都可以感受到巧克力的香甜浓郁充满整个口腔。对于喜爱巧克力的人而言，这款面包简直好吃到停不下来！

材料

【面团材料】4 个面包的量		【面包整形时加入的材料】	
高筋面粉	200 克	橙皮酱	20 克
可可粉	8 克	巧克力粒	30 克
干酵母	3 克		
水	110 克	【装饰材料】	
食盐	2 克	糖霜	
白糖	30 克	┌ 绵白糖	60 克
黄油	30 克	└ 水	10 克
鸡蛋	20 克	可可糖霜	
		┌ 绵白糖	55 克
		│ 水	13 克
		└ 可可粉	5 克

需要准备的各项材料

水
　这里使用自来水。如果使用软水，和面时面会太软，用硬水和面时面又会太硬。

黄油
　有盐黄油。可以使面包味道更好，面团更有筋道。

鸡蛋
　将鸡蛋打成蛋液。鸡蛋可以使面包口感松软、纹理细腻。

高筋面粉
　高筋面粉有国产、进口等许多种类。本书中使用的是由进口小麦制作的"山茶牌（KAMERIA）"和"鹰牌（IIGURU）"高筋面粉。

可可粉
　制作糕点、面包时专用的可可粉。可以使面包变成棕色。

白糖
　优质白糖。可以提高酵母活性。如果白糖结块，需要擀开后再加入面中。

食盐
　干燥、细腻的食盐。可以使面团更有韧劲。

酵母
　干酵母。可以产生令面团膨胀的气体。最好使用高糖酵母。

家用面包机的使用方法

在制作第一章介绍的面包时，和面及发面过程都由面包机完成。面发好后，面包机会发出提示音，此时需要立即按下"取消"键，将面团取出。请注意，如果不立即对面团进行处理，面团会继续发酵。

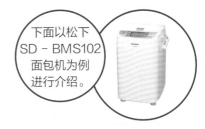

下面以松下 SD－BMS102 面包机为例进行介绍。

1 安装搅拌叶片

将搅拌叶片安装在面包桶内。

2 材料称重

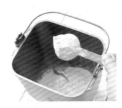

❶ 将空面包桶放在电子秤上，显示数字设定为 0。

❷ 将面粉倒入面包桶内称好重量后，再次将显示数字设定为 0，接着继续称量下一种材料的重量。利用这种方法可以一边加入材料，一边称出其重量。

称量小窍门

如果您还没有熟练掌握称量各种材料重量的方法，那么对于蛋液、水等液体最好单独称重。使用面包机烘烤面包，精准的称量是成败的关键！如果不小心放多了材料，就无法成功做出美味的面包，因此要避免发生这样的错误。

3 放回面包机

所有材料都放入面包桶内后，将面包桶放回面包机中。

4 加入干酵母

关闭面包机内顶盖，在酵母盒中加入干酵母。

5 启动面包机

关闭外顶盖，选择"干酵母""面包面团""无果料"选项，按下启动按键。

6 面包机开始工作

面包机开始自动和面和发面。

果料盒

含果料时如何处理

本书的一些面包制作方法中标有"含果料"字样，在制作这些面包时，需要先将所有果料放入酵母盒旁的果料盒内，再将干酵母放入酵母盒内。

注意！不同面包机的功能不同

面包机的厂家、型号不同，功能也会不同。详细信息请阅读产品说明书。

无酵母盒该怎么办？

将高筋面粉堆在一起，在中间挖一个坑，将干酵母放入坑中，注意酵母不要和食盐、水、白糖等其他材料直接接触。

无果料盒该怎么办？

设定投放材料提示音，当提示音响起时，将果料直接放入面包桶内。

面发好后就可以整形啦

需要准备的材料&工具

面包垫布
在桌子上铺一张垫布，可以避免面团与桌面直接接触。如果没有垫布，也可以用案板代替。垫布多为帆布材质。

毛刷
主要用来沾取蛋液刷在成品表面。使用过后一定要煮沸消毒、晒干。

刀·抹刀
主要用来在面团上切口。面包整形时，适合使用小号的刀具。

擀面杖
可以将面团擀成厚度均匀的面饼。在没有熟练掌握擀面杖的用法之前，可以在上面轻轻地撒一些干面粉。

小切板
放在面包垫布上使用。在整形时，可以防止面包内馅弄脏垫布。

橙皮酱
市面上出售的橙皮酱。需要在烘烤前涂抹在面团上。

巧克力粒
糕点专用巧克力粒，也可以用巧克力球代替。

黄油刀
主要用于涂抹果酱、黄油。

1 切分面团　面发好后，面包机会发出提示音，此时需要立即按下"取消"键，将面团取出。

❶ 将面包垫布铺展开，撒一些干面粉。

❷ 从面包机中取出面团。

❸ 用手轻轻拍打面团，释放出多余的空气。

❹ 将面饼卷成一个卷。

❺ 用切面刀将面卷切成两块。

❻ 将切割好的面卷搓成表面光滑的圆球。

❼ 用湿布将面团盖好，醒10分钟左右。

什么是醒面？
醒面就是将面团静置一段时间。使用擀面杖等为面团整形后，醒一段时间可以使面团的延展性更好。

要将面团变成大面饼，必须使用擀面杖。为了保证面饼厚度均匀，在擀面时要前后、左右擀。正反面都要擀一遍。

2 整形

❶ 用手轻轻拍打面团，释放出多余的空气。

❷ 用擀面杖将面团擀成厚度均匀的面饼。

❸ 将面饼翻面，继续擀。

❹ 最终擀成长 16 厘米、宽 13 厘米的长方形面饼。

❺ 在面饼上涂橙皮酱（10克），边缘留出 1 厘米左右的空白不涂。在橙皮酱上撒巧克力粒（15 克）。

❻ 将面饼长边从下至上卷成卷。

❼ 卷好后捏紧收口。

❽ 用刀切成两半。

❾ 在面卷上隔相同距离切 3 刀，注意不要切断，留 2 厘米左右连在一起。

❿ 烤盘上铺耐油纸，将面卷放在烤盘上，整理形状。按同样的方法再做 3 个。

3 发酵

使用烤箱的发酵功能，温度调为 40℃，放入烤盘。在烤盘下一层放一个盛有热水的方盘，发酵 30 分钟左右。

> **如何烤出漂亮可口的面包？**
>
> 发酵时，在烤盘下层放一个方盘，加入 1 ~ 2 厘米高的 70℃热水，可以防止面团变干。

4 烘烤

发酵结束后，取出烤盘，将烤箱温度调到 180℃预热。预热结束后放入烤盘，烘烤 16 分钟。

5 冷却

将烤好的面包放在冷却架上冷却到接近人体体温。

6 装饰

将装饰材料混在一起，做成糖霜与可可糖霜，淋在面包表面。

肉桂卷编花面包
Cinnamon Roll

松软的外观
令人印象深刻，
不知该从何处下口。

操作方法

<基本操作参考 P13>

- 种类　　　　干酵母
- 菜单　　　　面包面团
- 果料　　　　　　无

* 材料 *

【面团材料】1个面包的量

高筋面粉	180 克
杏仁粉	20 克
干酵母	3 克
水	98 克
食盐	2 克
白糖	30 克
黄油	25 克
鸡蛋	20 克

【面包整形时加入的材料】

液体黄油	20 克
肉桂糖粉	2 大匙

【事先准备】
制作肉桂糖粉

　　将 40 克细砂糖、10 克优质绵白糖、1 小匙肉桂粉放入小碗中搅拌均匀。

* 制作方法 *

1 和面

　　将制作面团的材料放入面包桶中。面和好后，取出面团，用手轻轻拍打释放多余气体，再重新搓圆，盖上湿布醒 15 分钟。

2 整形

❶ 用擀面杖将面团擀成长 25 厘米、宽 18 厘米的长方形面饼，在面饼上涂液体黄油，边缘留出 1 厘米左右的空白不涂。在黄油表面撒肉桂糖粉。

❷ 将面饼自下向上卷起，卷好后将边捏紧。在面卷上隔 1 厘米切 1 刀，共切 10 刀。注意不要切断，留 2 厘米左右连在一起。

❸ 烤盘上铺耐油纸，将面卷放在烤盘上，整理形状，注意保证每一片既连在一起又相互错开。

3 发酵

　　使用烤箱的发酵功能，温度调为 40℃，放入烤盘，发酵 30 分钟左右。

4 烘烤

　　发酵结束后，取出烤盘，将烤箱温度调到 180℃预热。预热结束后，在面包表面涂刷蛋液（准备材料之外），烤盘放入烤箱，烘烤 15 分钟。

5 装饰

　　面包冷却后，用茶漏等工具在面包表面撒一些绵白糖（准备材料之外）。

果酱面包
Jam Roll

使用擀面杖 ROLLING PIN

这款面包特别适合作为下午 3 点的甜点。糖霜沿面包边缘流下，质感黏稠，令人食欲大增。

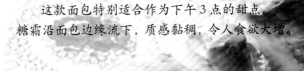

操作方法

烘焙模式

< 基本操作参考 P13>
- 种类　　　干酵母
- 菜单　　　面包面团
- 果料　　　无

< 基本操作参考 P13>

* 材料 *

【面团材料】2 个面包的量

高筋面粉	200 克
干酵母	3 克
牛奶	120 克
食盐	2 克
白糖	40 克
黄油	30 克
鸡蛋	15 克

【面包整形时加入的材料】

草莓果酱	30 克
细砂糖	2 大匙

【装饰材料】

糖霜

绵白糖	50 克
水	10 克

* 制作方法 *

1 和面

将制作面团的材料放入面包桶中。面和好后，取出面团，用手轻轻拍打释放多余气体，用刀切成 2 块，分别搓圆，盖上湿布醒 10 分钟。

2 整形

❶ 用擀面杖将面团擀成长 17 厘米、宽 13 厘米的长方形面饼，在面饼上涂草莓果酱，边缘留出 1 厘米左右的空白不涂。在果酱表面撒细砂糖（1 大匙）。

❷ 将面饼卷起，卷好后将边捏紧，用刀切成 3 份。

❸ 吐司模具内涂少量食用油（准备材料之外），铺耐油纸，将面卷放在烤盘上，面卷的封口处如图所示朝底部摆放。另一块面团作同样处理。

3 发酵

使用烤箱的发酵功能，温度调为 40℃，放入吐司模具，发酵 35 分钟左右。

4 烘烤

发酵结束后，取出吐司模具，将烤箱温度调到 180℃ 预热。预热结束后，在面包表面涂刷蛋液（准备材料之外），吐司模具放入烤箱，烘烤 16 分钟。

5 装饰

面包完全冷却后，用黄油刀等工具在面包表面涂抹糖霜。

＊为了方便涂抹，这里的糖霜要稍软于普通糖霜。

花生面包
Peanut Roll

花生酱的香味充满口腔，余味无穷。

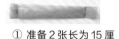

材料

【面团材料】2 个面包的量

高筋面粉	200 克
干酵母	3 克
水	100 克
食盐	2 克
白糖	25 克
黄油	25 克
鸡蛋	20 克

【面包整形时加入的材料】

花生酱	30 克
花生碎	2 大匙

【事先准备】

用耐油纸做一个环

① 准备 2 张长为 15 厘米的耐油纸，沿长边对折 2 次。

② 将 2 条耐油纸重叠在一起，如图，在距离两端 2～3 厘米处用订书机订好，展开就构成了一个环。

操作方法

< 基本操作参考 P13 >
- 种类　　　　　干酵母
- 菜单　　　　面包面团
- 果料　　　　　　无

制作方法

1 和面

　　将制作面团的材料放入面包桶中。面和好后，取出面团，用手轻轻拍打释放多余气体，用刀切成 2 块，分别搓圆，盖上湿布醒 10 分钟。

2 整形

❶ 用擀面杖将面团擀成长 20 厘米、宽 13 厘米的长方形面饼，在面饼上涂花生酱（15 克），边缘留出 1 厘米左右的空白不涂。在花生酱表面撒花生碎。沿长边将面饼自下而上卷起。

❷ 在面卷中心切一刀，注意不要切断，留 2 厘米左右连在一起。

❸ 将 2 条面卷编成辫子形，两端捏紧收口。用同样的方法处理另一个面团。

3 发酵

　　烤盘内铺耐油纸，将面包放在烤盘上，外侧套上提前做好的耐油纸环。使用烤箱的发酵功能，温度调为 40℃，发酵 30 分钟左右。

4 烘烤

　　发酵结束后，取出烤盘，将烤箱温度调到 180℃预热。预热结束后，在面包表面涂刷蛋液（准备材料之外），烤盘放入烤箱，烘烤 15 分钟。

花生酱可以选用平价品牌，烤出来的面包一样味道极佳。

红薯面包
Sweet Potato Bread

用微波炉就可以做出热乎乎的美味红薯面包。

使用
擀面杖
ROLLING
PIN

材料

【面团材料】 6 个面包的量

高筋面粉	200 克
干酵母	3 克
水	115 克
食盐	2 克
白糖	30 克
黄油	25 克

【果料盒内材料】

黑芝麻	8 克

【面包整形时加入的材料】

红薯	200 克
白糖	50 克
黄油	40 克

【事先准备】 制作红薯酱 ～～

红薯去皮，切成边长 1 厘米的小丁，泡在水中去涩。送入微波炉加热 5 分钟，捣碎，加入白糖与黄油，用橡胶铲搅拌均匀，冷却备用。

操作方法

< 基本操作参考 P13>

- 种类　　　干酵母
- 菜单　　　面包面团
- 果料　　　无

烘焙模式

制作方法

1 和面

将制作面团的材料放入面包桶中，将黑芝麻放入果料盒中。面和好后，取出面团，用手轻轻拍打释放多余气体，重新搓圆，盖上湿布醒 15 分钟。

2 整形

这里是成功的 关键!

❶ 用擀面杖将面团擀成长 25 厘米、宽 18 厘米的长方形面饼，在面饼上涂红薯酱，边缘留出 1 厘米左右的空白不涂。

❷ 如图，将面饼折成 3 层，边缘捏紧。

❸ 用刀将面卷切成 6 等份，放在铺有耐油纸的烤盘上。

3 发酵

使用烤箱的发酵功能，温度调为 40℃，发酵 30 分钟左右。

4 烘烤

发酵结束后，取出烤盘，将烤箱温度调到 180℃预热。预热结束后，在面包表面涂刷蛋液（准备材料之外），烤盘放入烤箱，烘烤 15 分钟。

红薯与黑芝麻搭配最佳拍档! 好吃到停不下来!

包裹内馅
WRAP

接下来要介绍的是几款带肉馅的面包。刚开始学习制作时，可能会感到比较困难，但只要掌握诀窍，便会越来越熟练。熟练掌握后还可以尝试制作其他馅料的面包。内馅可以选择较硬的食材，包起来会比较容易。

蓝莓芝士面包
Blueberry Cheese Bread

面包内裹着满满的蓝莓与芝士，美味满分！

操作方法

烘焙模式

< 基本操作参考 P13 >

• 种类	干酵母
• 菜单	面包面团
• 果料	无

✳ 材料 ✳

【面团材料】6 个面包的量

高筋面粉	180 克
低筋面粉	20 克
干酵母	3 克
水	105 克
食盐	2 克
白糖	25 克
芝士	30 克
鸡蛋	15 克

【面包整形时加入的材料】

芝士	120 克
蓝莓干	6 小匙

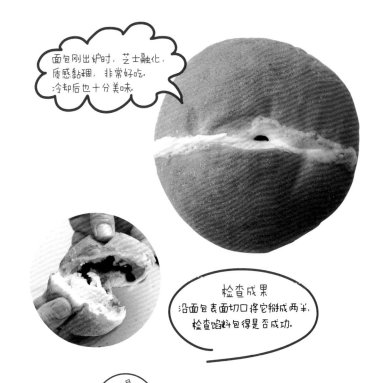

> 面包刚出炉时，芝士融化，质感黏稠，非常好吃。冷却后也十分美味。

> 检查成果
> 沿面包表面切口将它掰成两半，检查馅料包得是否成功。

✳ 制作方法 ✳

1 和面

将制作面团的材料放入面包桶中。面和好后，取出面团，用手轻轻拍打释放多余气体，将面团切成 6 份，分别搓圆，盖上湿布醒 8 分钟。

2 整形

> 这里是成功的 关键！

❶ 用手将面团轻轻拍成圆饼。在圆饼中央放芝士（20克）和蓝莓干（1 小匙）。

❷ 如图，将面饼收口捏紧，注意不要露馅。

❸ 将捏紧的收口朝下放在铺有耐油纸的烤盘上。按同样方法处理其他 5 块面团。

3 发酵

使用烤箱的发酵功能，温度调为 40℃，发酵30 分钟左右。

4 烘烤

发酵结束后，取出烤盘，将烤箱温度调到180℃预热。预热结束后，用剪刀在面包表面剪 1 个小口，烤盘放入烤箱，烘烤 13 分钟。

奶油面包
Cream Bread

传统风味的奶油面包搭配
自制的卡仕达酱，风味更加独特。

材料

【面团材料】6个面包的量

高筋面粉	180 克
杏仁粉	30 克
干酵母	3 克
水	130 克
食盐	2 克
白糖	25 克
黄油	20 克
鸡蛋	15 克

【面包整形时加入的材料】

卡仕达酱

鸡蛋	30 克
白糖	40 克
低筋面粉	15 克
牛奶	160 克
黄油	10 克
君度橙酒	10 克

操作方法

< 基本操作参考 P13>

- 种类　　　干酵母
- 菜单　　　面包面团
- 果料　　　　　无

在面包中加入巧克力
做成巧克力奶油面包
也非常好吃。

【事先准备】制作卡仕达酱

❶ 牛奶倒入锅中，加热至50℃左右。

❷ 在盆内放入鸡蛋、白糖，用手动打蛋器打匀。

❸ 低筋面粉过筛后加入打发的鸡蛋中，继续搅拌均匀。

❹ 将牛奶加入步骤❸中，用手动打蛋器打匀。

❺ 过筛，倒入锅中。

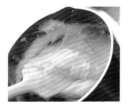

❻ 中火加热，锅铲不停搅拌防止粘锅，待锅内食材煮沸腾，且呈黏稠固体状时关火。

❼ 在锅中加入黄油和君度橙酒，搅拌均匀后倒入烤盘，铺平。

❽ 表面盖一层保鲜膜，放入盛有冰水的方盘中冷却。

＊制作方法＊

1 和面

将制作面团的材料放入面包桶中。面和好后，取出面团，用手轻轻拍打释放多余气体，将面团切成6份，分别搓圆，盖上湿布醒8分钟。

2 整形

❶ 用擀面杖将面团擀成长12厘米、宽10厘米的椭圆形面饼，在圆饼上半部分放1/6份卡仕达酱。

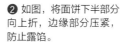

❷ 如图，将面饼下半部分向上折，边缘部分压紧，防止露馅。

这里是成功的关键！

❸ 在面包收口处用刀切3个小口，放在铺有耐油纸的烤盘上。按同样方法处理其他5块面团。

3 发酵

使用烤箱的发酵功能，温度调为40℃，发酵30分钟左右。

4 烘烤

发酵结束后，取出烤盘，将烤箱温度调到180℃预热。预热结束后，烤盘放入烤箱，烘烤16分钟。

果酱面包
Jam Bread

只需轻松一小步就可以将果酱
内馅牢牢锁在面包中。

操作方法

< 基本操作参考 P13>
- 种类　　　　　干酵母
- 菜单　　　　面包面团
- 果料　　　　　　无

＊材料＊

【面团材料】5 个面包的量

高筋面粉	200 克
干酵母	3 克
水	110 克
食盐	2 克
白糖	40 克
黄油	20 克
鸡蛋	20 克

【面包整形时加入的材料】

草莓果酱	200 克
低筋面粉	6 克

【事先准备】

硬化果酱

草莓果酱放入锅中，加入
过筛后的低筋面粉，搅拌均匀。
开中火熬煮，果酱沸腾后倒入
方盘中冷却备用。

＊制作方法＊

1 和面

将制作面团的
材料放入面包桶中。
面和好后，取出面
团，用手轻轻拍打释
放多余气体，将面团
切成5份，分别搓圆，
盖上湿布醒8分钟。

这里是
成功的
关键！

❸ 如图，用手将面
包收口处捏紧，将果
酱内馅牢牢锁在面包
中。烤盘上铺耐油纸，
放面包。按同样方法
处理其他4块面团。

2 整形

❶ 用擀面杖将面团擀成长
14 厘米、宽 10 厘米的椭
圆形面饼，在圆饼上半部
分放 1/5 份草莓果酱。

❷ 如图，将面饼下半部分
向上折，边缘部分压紧，
防止露馅。

3 发酵

使用烤箱的发酵功能，
温度调为 40℃，发酵 30
分钟左右。

4 烘烤

发酵结束后，取出烤
盘，将烤箱温度调到 180℃
预热。预热结束后，烤盘
放入烤箱，烘烤 13 分钟。

豆沙面包
Bean Jam Bread

面包内裹着满满的豆沙馅，甜度适中，很有嚼劲。

包裹内馅 WRAP

操作方法

< 基本操作参考 P13>
- 种类　　　干酵母
- 菜单　　　面包面团
- 果料　　　无

* 材料 *

【面团材料】6 个面包的量

高筋面粉	180 克
低筋面粉	20 克
酵母	3 克
水	105 克
食盐	2 克
白糖	30 克
黄油	30 克
鸡蛋	20 克

【面包整形时加入的材料】

豆馅	240 克

【装饰材料】

蛋液	适量
黑芝麻	适量

* 制作方法 *

1 和面

将制作面团的材料放入面包桶中。面和好后，取出面团，用手轻轻拍打释放多余气体，将面团切成6份，分别搓圆，盖上湿布醒8分钟。

2 整形

❶ 用手将面团轻轻拍成圆饼。在圆饼中央放豆馅（40克）。如图，用面饼将豆馅包起。

❷ 如图，收口处捏紧，防止露馅。

3 发酵

使用烤箱的发酵功能，温度调为40℃，发酵30分钟左右。发酵结束后，取出烤盘。

4 烘烤

将烤箱温度调到180℃预热。预热结束后，在面包表面中央刷蛋液，撒一些黑芝麻。烤盘放入烤箱，烘烤15分钟。

❸ 将捏紧的面饼收口朝下放在铺有耐油纸的烤盘上，轻轻拍扁。按同样方法处理其他5块面团。

接下来要为大家介绍几款带酥皮
的面包制作方法。
制作酥皮虽然需要花费一些工夫，
但做法非常简单，并不繁琐。

牛奶大理石面包
Marble Milk Ball

在面包表面覆盖挤花酥皮，成品会呈现出
何种花纹，只有出炉后才能知晓。

操作方法

<烘焙模式>

<基本操作参考 P13>

- 种类　　　干酵母
- 菜单　　　面包面团
- 果料　　　　无

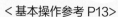

【面团材料】6 个面包的量

高筋面粉	200 克
干酵母	3 克
水	105 克
食盐	3 克
白糖	25 克
黄油	30 克
鸡蛋	20 克

【酥皮材料】

黄油	240 克
白糖	40 克
鸡蛋	40 克
低筋面粉	50 克
牛奶	20 克
可可粉	1 小匙

【事先准备】制作酥皮

❶ 黄油在室温下软化，放入盆中，用橡胶铲碾碎，加入白糖，搅拌至黄油发白。

❷ 将蛋液分 3 次加入盆中，用手动打蛋器搅拌均匀。

❸ 低筋面粉过筛后加入盆中，搅拌至略带粉质感。

❹ 加入牛奶，搅拌至顺滑无颗粒状，将盆中的一半材料倒入小碗中。

❺ 将可可粉过筛加入盆内剩下的材料中。如图，分别将带有可可粉的材料及步骤 ❹ 中材料放入同一个保鲜袋中，注意不要混在一起。

❻ 如图，酥皮材料集中在保鲜袋的一角，方便剪口挤花。

* 制作方法 *

1 和面

将制作面团的材料放入面包桶中。面和好后，取出面团，用手轻轻拍打释放多余气体，将面团切成 6 份，分别搓圆，盖上湿布醒 8 分钟。

2 整形

用手轻拍面团释放多余气体，重新搓圆，放在铺有耐油纸的烤盘上。按同样方法处理其他 5 块面团。

3 发酵

使用烤箱的发酵功能，温度调为 40℃，发酵 30 分钟左右。发酵结束后，取出烤盘。

4 贴酥皮

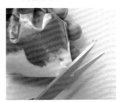

❶ 如图，用剪刀剪掉保鲜袋的一个角。

这里是成功的关键！

❷ 如图，在面包表皮中心以画圆的方法挤花。6 个面包全部挤完后，再开始挤第二层。

5 烘烤

将烤箱温度调到 180℃预热。预热结束后，烤盘放入烤箱，烘烤 15 分钟。

在烘烤过程中，面包表皮的酥皮会向下流动，形成漂亮的大理石花纹。

操作方法

烘焙模式

< 基本操作参考 P13 >
· 种类　　　干酵母
· 菜单　　　面包面团
· 果料　　　　　无

酥皮面包

Crumble Bread

外表酥脆，内里松软。
酥皮表皮的独特口感是这款面包的特色。

* 材料 *

【面团材料】6 个面包的量

高筋面粉	200 克
干酵母	3 克
水	105 克
食盐	2 克
白糖	20 克
炼乳	15 克
黄油	30 克
鸡蛋	20 克

【酥皮材料】

酥皮渣

黄油	10 克
白糖	15 克
蛋液	10 克
低筋面粉	45 克

【装饰材料】

绵白糖	适量

注意！

做好的面包表面颜色不均，
是不是代表失败了呢？

有些烤箱火力较强，面
包表面可能会出现颜色不均
匀，这并不说明失败，仍可
以放心食用。

【事先准备】制作酥皮渣

❶ 黄油在室温下软化，放入盆中，用橡胶铲碾碎，加入白糖，搅拌均匀。

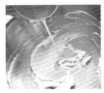

❷ 将蛋液分 2 次加入盆中，用橡胶铲搅拌均匀。

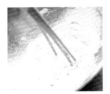

❸ 低筋面粉过筛后加入盆中，用 4 根长筷子迅速搅拌。

❹ 将酥皮渣材料搅拌至图中大小的颗粒状，装入保鲜袋，放入冰箱冷藏备用。

制作方法

1 和面

将制作面团的材料放入面包桶中。面和好后，取出面团，用手轻轻拍打释放多余气体，将面团切成 6 份，分别搓圆，盖上湿布醒 8 分钟。

2 整形

❶ 用手轻拍面团释放多余气体，重新揉成椭圆形。

❷ 用毛刷在面团表面涂刷蛋液（准备材料之外）。

❸ 酥皮从冰箱取出，放入小盆中，用面团涂有蛋液的一面沾取酥皮渣。

❹ 迅速将沾有酥皮的一面翻转朝上，放在铺有耐油纸的烤盘上。按同样方法处理其他 5 块面团。

3 发酵

使用烤箱的发酵功能，温度调为 40℃，发酵 30 分钟左右。

4 烘烤和装饰

发酵结束后，取出烤盘。将烤箱温度调到 180℃预热。预热结束后，烤盘放入烤箱，烘烤 15 分钟。稍稍冷却后，在面包表面撒一些绵白糖。

切分的方法
像句号一样的外形是这款面包的特征。烤好后不做任何切分就已经十分可爱。我们还可以将面包切成小块摆在盘中，改变一下外观也十分有趣。

心形杏仁酥皮面包
Heart Shaped Almond Topping Bread

每咬一口，都可以感受到杏仁的香味在口腔中萦绕。
可以搭配咖啡食用，更显成熟韵味。

操作方法

< 基本操作参考 P13 >

- 种类　　　干酵母
- 菜单　　　面包面团
- 果料　　　　无

* 材料 *

【面团材料】6 个面包的量

高筋面粉	200 克
干酵母	3 克
水	115 克
食盐	2 克
白糖	20 克
黄油	20 克
蛋黄	1 个

【面包整形时加入的材料】

草莓果酱	3 小匙
巧克力粒	30 克

【装饰材料】

杏仁酥皮

白糖	30 克
杏仁粉	40 克
蛋清	1 个的量
绵白糖	适量

【事先准备】

制作杏仁酥皮

将白糖、杏仁粉、蛋清放入一个盆中，用手动打蛋器搅拌均匀，静置 30 分钟。

制作方法

1 和面

将制作面团的材料放入面包桶中。面和好后，取出面团，用手轻轻拍打释放多余气体，将面团切成6份，分别搓圆，盖上湿布醒8分钟。

2 整形

❶ 用擀面杖将面团擀成直径为11厘米的圆形面饼，在圆饼中央涂草莓果酱（1/2小匙），果酱上撒巧克力粒（5克）。

❷ 将面饼由下至上卷起，注意不要把巧克力粒挤烂或撒出。

❸ 用手将面包收口处捏紧。

这里是成功的 关键！

❹ 将面卷对折，捏紧收口处。

❺ 在面团的中央切1个口子，注意不要切断，留3厘米左右连在一起。

❻ 沿刀口将面团展开成心形，放在铺有耐油纸的烤盘上。按同样方法处理其他5块面团。

3 发酵

使用烤箱的发酵功能，温度调为40℃，发酵30分钟左右。

4 烘烤和装饰

❶ 发酵结束后，取出烤盘。将烤箱温度调到180℃预热。预热结束后，在面包表面涂杏仁酥皮。

❷ 在酥皮表面撒厚厚一层绵白糖，烤盘放入烤箱，烘烤15分钟。

制作酥皮
TOPPING

面包的外观非常可爱，酥皮松脆可口，让人欲罢不能。

蜜瓜包
Melon Bread

酥皮口感松脆，类似曲奇。
成功制作蜜瓜包的诀窍就是各种材料不要搅拌得太过。

* 材料 *

【面团材料】6 个面包的量	
高筋面粉	200 克
干酵母	3 克
水	100 克
食盐	2 克
白糖	24 克
黄油	30 克
鸡蛋	20 克

【酥皮材料】	
曲奇酥皮	
┌ 低筋面粉	100 克
│ 泡打粉	2 克
│ 黄油	30 克
│ 白糖	40 克
│ 鸡蛋	20 克
└ 牛奶	10 克

操作方法

< 基本操作参考 P13 >
• 种类　　　干酵母
• 菜单　　面包面团
• 果料　　　　　无

【事先准备】 制作曲奇酥皮

❶ 黄油在室温下软化，放入盆中，用橡胶铲碾碎，加入白糖，搅拌至黄油发白。

❷ 将蛋液分3次加入盆中，搅拌均匀。低筋面粉过筛后加入盆中，迅速搅拌，搅拌均匀后加入牛奶。

❸ 将盆中材料倒在保鲜膜上，用橡胶铲挤压成一整块。用手将其轻轻拍打成1厘米厚的饼状。

❹ 放入冰箱冷藏约30分钟。

制作方法

1 和面

将制作面团的材料放入面包桶中。面和好后，取出面团，用手轻轻拍打释放多余气体，将面团切成6份，分别搓圆，盖上湿布醒8分钟。

2 整形

❶ 将冷藏在冰箱中的曲奇酥皮取出，分成6等份。

❷ 用手将曲奇酥皮搓圆。

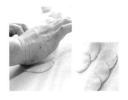

❸ 用手将酥皮球拍成直径为10厘米的圆饼。

❹ 用手轻轻拍打面团释放多余气体，之后重新搓圆。将步骤❸中的酥皮饼覆盖在面团上。

❺ 用手按压酥皮和面团，使其粘在一起。

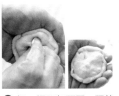

❻ 捏一捏面包面团，释放气体，然后抚平表面。

❼ 在曲奇酥皮表面裹一层细砂糖（准备材料之外）。

❽ 用抹刀在酥皮表面划6道划痕，放在铺有耐油纸的烤盘上。按同样方法处理其他5块面团。

3 发酵

使用烤箱的发酵功能，温度调为35℃，发酵30分钟左右。

4 烘烤

发酵结束后，取出烤盘。将烤箱调到170℃预热。预热结束后，烤盘放入烤箱，烘烤15分钟。

黑糖葡萄干蜜瓜包
Melon Bread With Kokutou Raisin

我们还可以用黑糖代替白糖制作蜜瓜包，葡萄干的甘甜
使得面包整体更加美味。

✽材料✽

【面团材料】6 个面包的量	
高筋面粉	200 克
干酵母	3 克
水	95 克
食盐	2 克
黑糖	35 克
黄油	20 克
鸡蛋	15 克

【果料盒内材料】	
葡萄干	60 克

【酥皮材料】	
曲奇酥皮	
┌ 低筋面粉	100 克
│ 泡打粉	2 克
│ 黄油	30 克
│ 黑糖	50 克
│ 鸡蛋	10 克
└ 牛奶	10 克

操作方法

< 基本操作参考 P13>
- 种类　　　干酵母
- 菜单　　面包面团
- 果料　　　　　有

【事先准备】制作曲奇风酥皮

❶ 黄油在室温下软化，放入盆中，用橡胶铲搅拌，加入黑糖，搅拌至略微发白。这时将蛋液分 3 次加入盆中，搅拌均匀。

❷ 低筋面粉过筛后加入盆中，迅速搅拌，搅拌均匀后加入牛奶。

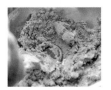

❸ 将盆中材料倒在保鲜膜上，用橡胶铲挤压成一整块。用手将其轻轻拍打成 1 厘米厚的饼状。

❹ 放入冰箱冷藏约30 分钟。

* 制作方法 *

1 和面

将制作面团的材料放入面包桶中。葡萄干浸泡 10 分钟后，沥干，放入果料盒中。面和好后，取出面团，用手轻轻拍打释放多余气体，将面团切成 6 份，分别搓圆，盖上湿布醒 8 分钟。

2 整形

❶ 将冷藏在冰箱中的曲奇酥皮取出，分成 6 等份，搓圆。

❷ 用手将酥皮球拍成直径为 10 厘米的圆饼。

❸ 用手轻轻拍打面包的面团释放多余气体，重新搓圆。

❹ 将酥皮饼覆盖在面团上。用手按压酥皮和面团，使其粘在一起。

这里是成功的关键！

❺ 如图，捏一捏面包面团，释放气体，然后收口。

❻ 抚平面团表面，将面包放在铺有耐油纸的烤盘上。按同样方法处理其他 5 块面团。

3 发酵

使用烤箱的发酵功能，温度调为 35℃，发酵 30 分钟左右。

4 烘烤

发酵结束后，取出烤盘。将烤箱温度调到 170℃预热。预热结束后，烤盘放入烤箱，烘烤 15 分钟。

面包内有许多葡萄干，与黑糖的味道十分搭配。

砂糖葡萄干面包
Sugar Raisin Bread

咬一大口刚出炉的面包，细砂糖轻触舌尖，
美味妙不可言。

搓圆与压扁是制作面包的
基本工序。刚开始时可能把握
不好分寸，做习惯之后就好了。
搓圆时，如果面团表面像裹了
一层保鲜膜一样光滑，就说明
达到了制作标准。

可以将面包切成方便
一口吃掉的大小，
吃得更加过瘾.

操作方法

< 基本操作参考 P13 >
- 种类　　　干酵母
- 菜单　　　面包面团
- 果料　　　　有

＊材料＊

【面团材料】6 个面包的量

高筋面粉	200 克
干酵母	3 克
水	120 克
食盐	2 克
白糖	35 克
黄油	20 克

【果料盒内材料】

葡萄干	60 克

【装饰材料】

黄油	18 克
细砂糖	3 小匙

注意!

葡萄干

　　葡萄干是制作面包时非常有代表性的一种配料。一般使用干葡萄干，使用前需要在水中浸泡10分钟左右，这样可以软化表面。葡萄干从水中取出后需要沥干，之后用厨房纸吸尽水分。

＊制作方法＊

1 和面

　　将制作面团的材料放入面包桶中。葡萄干浸泡 10 分钟后，沥干，放入果料盒中。面和好后，取出面团，用手轻轻拍打释放多余气体，将面团切成6 份，分别搓圆，盖上湿布醒 8 分钟。

2 整形

❶ 用手轻轻压扁面团，释放多余气体。

❷ 将被压扁的面团重新搓圆，放在铺有耐油纸的烤盘上。按同样方法处理其他 5 块面团。

3 发酵

　　使用烤箱的发酵功能，温度调为 40℃，发酵 30 分钟左右。

4 烘烤

❶ 发酵结束后，取出烤盘。将烤箱温度调到 180℃ 预热。用刀在面团中央切 1 个小口。

❷ 在小口内放入细砂糖（1/2 小匙）。

❸ 在小口上铺 1 片黄油（3 克）。

❹ 预热结束后，烤盘放入烤箱，烘烤 15 分钟。

牛奶纺锤面包
Milk Coupe Pan

这款纺锤面包的配料十分简单，
面包本身的香味也因此更加突显。

* 制作方法 *

1 和面

　　将制作面团的材料放
入面包桶中。面和好后，
取出面团，用手轻轻拍打
释放多余气体，将面团切
成4份，分别搓圆，盖上
湿布醒10分钟。

2 整形

❶ 用手轻轻压扁面团，释
放多余气体。将面饼下半
部向中心对折，压紧。

❷ 上半部分同样向中心对
折，压紧。

❸ 如图，再次对折，捏
紧收口。

搓圆 &
压扁
ROLL&
MASH

* 材料 *

【面团材料】4 个面包的量

高筋面粉	200 克
干酵母	3 克
水	40 克
牛奶	100 克
食盐	3 克
白糖	35 克
黄油	30 克

微甜的纺锤面包，
在涂抹果酱后风味更佳，
当然，直接食用也非常美味。

操作方法

烘焙
模式

< 基本操作参考 P13 >
- 种类　　干酵母
- 菜单　　面包面团
- 果料　　无

注意！

如何判断面包是否烤好了？

当我们不知道面包内部是不是烤好时，可以观察面包的底面。如果面包底面上色程度与图片中相近，则说明面包就烤好了。

 **3 发酵**  **4 烘烤**

❹ 如图，将面团放在案板上搓几圈，整理成纺锤形，放在铺有耐油纸的烤盘上。按同样方法处理其他 3 块面团。

使用烤箱的发酵功能，温度调为 40℃，发酵 30 分钟左右。

发酵结束后，取出烤盘。将烤箱温度调到 180℃预热。预热结束后，用刀在面包中央切 1 个口子，烤盘放入烤箱，烘烤 15 分钟。

潘妮托妮

Panettone Fu

这是一款意大利传统西点面包。
为了便于在家中制作,本书对制作方法稍做改动。

操作方法

< 基本操作参考 P13 >
- 种类　　　干酵母
- 菜单　　　面包面团
- 果料　　　　有

材料

【面团材料】6个面包的量

高筋面粉	150 克
低筋面粉	50 克
干酵母	4 克
牛奶	100 克
食盐	2 克
白糖	35 克
黄油	60 克
蛋黄	1 个

【果料盒内材料】

橙皮	30 克
葡萄干	30 克

【装饰材料】

蛋清	适量
黄油	18 克

制作方法

1 和面

将制作面团的材料放入面包桶中,葡萄干浸泡10分钟后,沥干,与切成大粒的橙皮一同放入果料盒中。面和好后,取出面团,用手轻轻拍打释放多余气体,将面团切成6份,分别搓圆,盖上湿布醒10分钟。

2 整形

用手轻轻压扁面团,释放多余气体,重新搓圆,放入蛋糕纸杯中,摆在铺有耐油纸的烤盘上。按同样方法处理其他5块面团。

3 发酵

使用烤箱的发酵功能,温度调为40℃,发酵40分钟左右。

4 装饰和烘烤

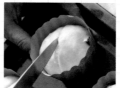

❶ 发酵结束后,取出烤盘。将烤箱温度调到180℃预热。在面包表面涂刷蛋清,用刀划1个十字切口。

❷ 在切口的中心处放入黄油（3克）。预热结束后,烤盘放入烤箱,烘烤15分钟。

注意!

在面包表面刷蛋清

只刷蛋清也可以保证面包上色,达到与刷蛋液同样的效果。因为在和面时只使用了蛋黄,将剩下的蛋清用来涂刷面包表面,可以避免浪费。

甜欧包
Sweet boule

这款使用法式面包专用面粉制成的圆面包，表皮酥脆，内里绵软。

搓圆 & 压扁
ROLL & MASH

操作方法

< 基本操作参考 P13 >

- 种类　　　　干酵母
- 菜单　　　　面包面团
- 果料　　　　无

＊材料＊

【面团材料】6 个面包的量

法式面包专用面粉	200 克
干酵母	4 克
水	95 克
食盐	2 克
白糖	35 克
黄油	30 克
鸡蛋	10 克
奶粉	10 克

【装饰材料】

绵白糖	适量

切分方法

对于这种体积较大的面包，可以用手撕着吃，也可以切成 1～2 厘米厚的面包片，更加方便食用。

＊制作方法＊

1 和面

将制作面团的材料放入面包桶中。面和好后，取出面团，用手轻轻拍打释放多余气体，重新搓圆，盖上湿布醒 15 分钟。

2 整形

用手轻轻压扁面团，释放多余气体，重新搓圆，摆在铺有耐油纸的烤盘上。

3 发酵

使用烤箱的发酵功能，温度调为 40℃，发酵 30 分钟左右。

4 装饰和烘烤

这里是成功的**关键!**

❶ 发酵结束后，取出烤盘，将烤箱温度调到 180℃预热。使用筛子等工具在面包表面撒厚厚一层绵白糖。

❷ 用刀在面包表面划 1 个十字切口。预热结束后，烤盘放入烤箱，烘烤 18 分钟。

橙皮布里欧修
Orange Brioche

面包里放有大量橙皮，微苦，
是一款口味偏成熟的甜点。

材料

【面团材料】6 个面包的量

高筋面粉	180 克
干酵母	3 克
水	110 克
食盐	2 克
白糖	16 克
黄油	30 克
蛋黄	1 个

【果料盒内材料】

橙皮	35 克

【装饰材料】

蛋清	适量

面包表面有一圈切口，特点鲜明。圆圆的小面包好像句号，朋友们看到后必会连呼可爱。

搓圆 & 压扁
ROLL&
MASH

操作方法

烘焙模式

< 基本操作参考 P13 >

- 种类 　　干酵母
- 菜单 　　面包面团
- 果料 　　　　有

制作方法

1 和面

　　将制作面团的材料放入面包桶中。橙皮切成大颗粒，放入果料盒中。面和好后，取出面团，用手轻轻拍打释放多余气体，将面团切成6份，分别搓圆，盖上湿布醒 8 分钟。

2 整形

❶ 用手轻轻压扁面团，释放多余气体。

❷ 重新搓圆，摆在铺有耐油纸的烤盘上。按同样方法处理其他 5 块面团。

3 发酵

　　使用烤箱的发酵功能，温度调为 40℃，发酵 30 分钟左右。

4 装饰和烘烤

❶ 发酵结束后，取出烤盘。将烤箱温度调到 180℃预热。用毛刷在面包表面涂刷蛋清。

这里是成功的关键!

❷ 如图，在面包上 1/3 处用剪刀剪 10 ~ 11 个装饰性切口。预热结束后，烤盘放入烤箱，烘烤15分钟。

注意!

什么是橙皮?

　　将橙子的皮用水煮过之后，再用糖腌渍，这就是烘焙用橙皮。也可以将橙子皮先切成大粒，再蒸煮、腌渍，这样比较方便。

砂糖面包
Sugar Bread

只听名字可能会认为这款面包过于甜腻，
但因为使用的是细砂糖，
面包口感非常清爽。

操作方法

<基本操作参考 P13>
- 种类　　　　干酵母
- 菜单　　　面包面团
- 果料　　　　　无

* 材料 *

【面团材料】3 个面包的量

高筋面粉	200 克
干酵母	3 克
水	85 克
食盐	2 克
白糖	20 克
黄油	50 克
鸡蛋	25 克

【装饰材料】

液体黄油	适量
细砂糖	3 大匙

口感绵软
仿若奶油蛋糕。

* 制作方法 *

1 和面

　　将制作面团的材料放入面包桶中。面和好后，取出面团，用手轻轻拍打释放多余气体，将面团切成 3 份，分别搓圆，盖上湿布醒 10 分钟。

2 整形

❶ 用手将面团压成一个长 14 厘米、宽 10 厘米的椭圆形。

❷ 如图，将面饼对折，用切面刀在中央切一刀，注意不要切断，留 3 厘米左右连在一起。

3 发酵

❸ 如图，将切口稍稍掰开一点，摆在铺有耐油纸的烤盘上。按同样方法处理其他 2 块面团。

　　使用烤箱的发酵功能，温度调为 40℃，发酵 30 分钟左右。

4 装饰和烘烤

　　发酵结束后，取出烤盘。将烤箱温度调到 180℃预热。在面包表面涂刷液体黄油，每个面包表面撒 1 大匙细砂糖。预热结束后，烤盘放入烤箱，烘烤 15 分钟。

皇家苹果面包
Royal Apple Bread

搓圆 &
压扁
ROLL &
MASH

这款面包非常适合搭配红茶一起食用。
口感松软，有淡淡的苹果香气。

操作方法

< 基本操作参考 P13 >

- 种类　　　　干酵母
- 菜单　　　　面包面团
- 果料　　　　有

烘焙
模式

* 材料 *

【面团材料】1 个面包的量

高筋面粉	200 克
干酵母	3 克
食盐	3 克
牛奶	110 克
白糖	30 克
黄油	20 克
苹果	60 克

【果料盒内材料】

核桃仁	40 克

【装饰材料】

高筋面粉	适量

烤好的面包
外观像橄榄球。

* 制作方法 *

1 和面

　　苹果去核，带皮切成丝。将制作面团的材料放入面包桶中。核桃仁烘炒后切成大粒，放入果料盒中。面和好后，取出面团，用手轻轻拍打释放多余气体，重新搓圆，盖上湿布醒15分钟。

2 整形

❶ 用手轻轻压扁面团，释放多余气体。如图，将面饼两侧向中心对折，压紧。

❷ 如图，再次对折，捏紧收口，轻轻搓成海参状，摆在铺有耐油纸的烤盘上。

3 发酵

　　使用烤箱的发酵功能，温度调为40℃，发酵30分钟左右。

4 装饰和烘烤

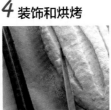

　　发酵结束后，取出烤盘。将烤箱温度调到180℃预热。在面包表面撒高筋面粉，用刀划3个切口。预热结束后，烤盘放入烤箱，烘烤17分钟。

注意！

面包的保存方法

　　将没有吃完的面包放入保鲜袋中，封口，可以防止面包变干。

下面将为大家介绍如何使用擀面杖为面包整形。
制作丹麦酥时也会用到擀面杖，
因此，熟练掌握它的用法十分必要。

国王面包

Bolorei

国王面包是葡萄牙传统的圣诞节面包，
各方面都酷似蛋糕，
制作时用辅料装饰面包表面非常有趣。

材料

【面团材料】4 个面包的量		【果料盒内材料】	
高筋面粉	180 克	葡萄干	30 克
低筋面粉	20 克	橙皮	30 克
杏仁粉	20 克	【装饰材料】	
干酵母	3 克	蛋液	适量
牛奶	105 克	樱桃果脯（红、绿）	各 4 个
食盐	2 克	橙皮	适量
白糖	20 克	细砂糖	4 小匙
黄油	30 克	优质白砂糖	8 小匙
蛋黄	1 个		
朗姆酒	20 克		
核桃仁	20 克		

> 一款嚼劲十足的西点面包。面包表面的果脯使得整体外观更加华丽。

操作方法

< 基本操作参考 P13>

- 种类　　　　干酵母
- 菜单　　　　面包面团
- 果料　　　　有

制作方法

1 和面

　　将制作面团的材料放入面包桶中。葡萄干浸泡 10 分钟后，沥干，与切成大粒的橙皮一同放入果料盒中。面和好后，取出面团，用手轻轻拍打释放多余气体，将面团切成 4 份，分别搓圆，盖上湿布醒 10 分钟。

2 整形

❶ 用手轻轻压扁面团，释放多余气体，重新搓圆。

❷ 用手将面团压扁。

❸ 如图，用擀面杖在面饼中心捣出一个洞。

> 这里是成功的关键！

❹ 取出擀面杖。如图，用手转圈把洞口撑大，将面包摆在铺有耐油纸的烤盘上。按同样方法处理其他 3 块面团。

3 发酵

　　使用烤箱的发酵功能，温度调为 40℃，发酵 30 分钟左右。

4 装饰和烘烤

❶ 发酵结束后，取出烤盘。将烤箱温度调到 180℃预热。在面包表面涂刷蛋液，按照图中所示，装饰樱桃果脯和橙皮。

❷ 在每个面包表面撒 1 小匙细砂糖、2 小匙优质白砂糖。预热结束后，烤盘放入烤箱，烘烤 16 分钟。

黑糖面包

Kokutou Roll Bread

制作这款面包时使用黑糖代替白糖。
搭配一杯温热的日本茶，慢慢地享受一段和风下午茶时光吧。

材料

【面团材料】2个面包的量	
高筋面粉	200 克
干酵母	3 克
牛奶	120 克
食盐	2 克
黑糖	30 克
黄油	20 克
鸡蛋	25 克

【面包整形时加入的材料】	
液体黄油	适量
黑糖	3 小匙

操作方法

< 基本操作参考 P13 >

- 种类　　　干酵母
- 菜单　　面包面团
- 果料　　　　无

* 制作方法 *

1 和面

　　将制作面团的材料放入面包桶中。面和好后，取出面团，用手轻轻拍打释放多余气体，将面团切成 2 份，分别搓圆，盖上湿布醒 10 分钟。

2 整形

❶ 用擀面杖将面团擀成长 17 厘米、宽 15 厘米的长方形面饼。

❷ 用毛刷在面饼表面涂刷液体黄油，边缘留 1 厘米左右空白不涂。

❸ 如图，在整个面饼上撒满黑糖（1.5 小匙）。

这里是成功的**关键!**

❹ 将面饼自下而上卷起，捏紧两端防止黑糖撒出。

❺ 卷好后捏紧封口。

❻ 如图，轻搓面卷，调整面卷形状。

❼ 吐司模具内刷黄油（准备材料之外），将面卷封口处向下放入模具中，紧贴一侧模具壁。将模具置于烤盘上。按同样方法处理另一块面团。

3 发酵

　　使用烤箱的发酵功能，温度调为 40℃，发酵 30 分钟左右。

4 烘烤

　　发酵结束后，取出烤盘。将烤箱温度调到 180℃ 预热。预热结束后，烤盘放入烤箱，烘烤 16 分钟。

在烘烤时使用到了吐司模具，因此面包外形非常漂亮，适合作为礼物送给亲朋好友。

甜比萨

Sweet Pizza

比萨深受男女老少的喜爱，
想变换口味的，也可以把它做成一道甜点。

＊ 材料 ＊

【面团材料】2 个面包的量	
高筋面粉	200 克
干酵母	2 克
牛奶	135 克
食盐	2 克
白糖	20 克
黄油	30 克
鸡蛋	20 克

【比萨馅料】	
A ┌ 奶酪	100 克
└ 蜂蜜	30 克
蓝莓	40 克
巧克力粒	20 克

【装饰材料】	
巧克力浆	适量
绵白糖	适量

【事先准备】
制作比萨奶酪馅料
将 A 中的奶酪与蜂蜜搅拌均匀，备用。

操作方法

<基本操作参考 P13>
- 种类 　　　干酵母
- 菜单 　　　面包面团
- 果料 　　　　　无

＊ 制作方法 ＊

1 和面

　　将制作面团的材料放入面包桶中。面和好后，取出面团，用手轻轻拍打释放多余气体，将面团切成 2 份，分别搓圆，盖上湿布醒 10 分钟。

2 整形

　　一边旋转面饼，一边用擀面杖将其擀成直径为 17 厘米的圆形，小心地将面饼拿起来放在铺有耐油纸的烤盘上。按同样方法处理另一块面团。

3 发酵

　　使用烤箱的发酵功能，温度调为 40℃，发酵 15 分钟左右。

4 装饰和烘烤

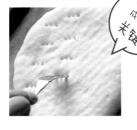

这里是成功的关键！

❶ 发酵结束后，取出烤盘。将烤箱调到 190℃预热。用叉子在整个饼底上扎洞。

❷ 用橡胶铲在饼底表面涂抹奶酪与蜂蜜的混合物。

❸ 将蓝莓（20 克）摆在奶酪馅料上。

❹ 在奶酪馅料上撒巧克力粒（10 克）。

❺ 按同样方法装饰另一块面饼。预热结束后，烤盘放入烤箱，烘烤 10 分钟。比萨稍稍冷却后，在表面撒上绵白糖。

在撒绵白糖之前，可以先淋一些巧克力浆，这样看起来会更有食欲。

蜂蜜棒
Honey Stick

蜂蜜棒形状细长，可以捏紧一端来吃，非常方便，即使是非常小的孩子也能够独立食用。

操作方法

烘焙模式

< 基本操作参考 P13 >
- 种类　　　　干酵母
- 菜单　　　　面包面团
- 果料　　　　无

材料

【面团材料】8 条面包的量

高筋面粉	50 克
低筋面粉	50 克
干酵母	2 克
牛奶	50 克
食盐	1 克
蜂蜜	30 克
黄油	20 克

制作方法

1 和面

将制作面团的材料放入面包桶中。面和好后，取出面团，用手轻轻拍打释放多余气体，重新搓圆，盖上湿布醒 10 分钟。

2 整形

❶ 用擀面杖将面团擀成长 20 厘米、宽 12 厘米的长方形面饼。用刀将面饼纵向切成 2 等份。

❷ 将面饼切成 4 等份。

❸ 将面饼切成 8 等份，放在铺有耐油纸的烤盘上。

3 发酵

使用烤箱的发酵功能，温度调为 40℃，发酵 30 分钟左右。

4 烘烤

发酵结束后，取出烤盘。将烤箱温度调到 180℃预热。预热结束后，烤盘放入烤箱，烘烤 9 分钟。

巧克力法式乡村面包
Chocola Rustique

乡村面包是法式面包的一种。
整形过程只是进行切分，非常简单。

操作方法

烘焙
模式

< 基本操作参考 P13 >

- 种类　　　　干酵母
- 菜单　　　　面包面团
- 果料　　　　　有

---

* 材料 *

【面团材料】6 个面包的量

法式面包专用面粉	190 克
可可粉	10 克
食盐	4 克
水	30 克
牛奶	98 克
食盐	3 克
黄油	15 克
鸡蛋	12 克

【果料盒内材料】

巧克力粒	70 克

* 制作方法 *

1 和面

将制作面团的材料放入面包桶中。巧克力粒放入果料盒中。面和好后，取出面团，用手轻轻拍打释放多余气体，重新搓圆，盖上湿布醒 15 分钟。

2 整形

用擀面杖将面团擀成长 20 厘米、宽 15 厘米的长方形面饼。用刀将面饼切成 6 等份，放在铺有耐油纸的烤盘上。

3 发酵

使用烤箱的发酵功能，温度调为 30℃，发酵 40 分钟左右。

4 装饰和烘烤

❶ 发酵结束后，取出烤盘。将烤箱调到 190℃预热。面包表面撒法式面包专用面粉（准备材料之外），用刀斜着切 1 个切口。

❷ 预热结束后，烤盘放入烤箱，烘烤 15 分钟。

53

巧克力大理石面包
Chocolate Marble Bread

面包内的巧克力馅也是纯手工制作的，
面包出炉后，心中的成就感油然而生，无法言表。

材料

【面团材料】5个面包的量	
高筋面粉	200 克
干酵母	3 克
水	115 克
食盐	2 克
白糖	20 克
黄油	20 克
鸡蛋	15 克

【巧克力馅材料】	
白糖	30 克
低筋面粉	20 克
可可粉	10 克
水	40 克
色拉油	5 克

操作方法

< 基本操作参考 P13 >
- 种类　　　　干酵母
- 菜单　　　面包面团
- 果料　　　　　无

【事先准备】 制作巧克力馅

❶ 白糖放入平底锅中，低筋面粉、可可粉过筛后也放入锅中，边加水边搅拌，直到成为顺滑巧克力酱状，最后加入色拉油。

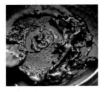

❷ 开中火加热，用橡胶铲继续搅拌防止粘锅，水分煮干后，将锅中馅料聚成一块。

❸ 完成后的效果如图中所示。注意熬煮时间不要过长，否则馅料会变得太硬不易擀开。

❹ 将煮好的馅料放在一大块保鲜膜上。用擀面杖将馅料擀成边长 13 厘米的薄饼，包好保鲜膜，放入冰箱冷藏备用。

* 制作方法 *

1 和面

将制作面团的材料放入面包桶中。面和好后，取出面团，用手轻轻拍打释放多余气体，重新搓圆，盖上湿布醒 15 分钟。

2 整形

❶ 用擀面杖将面团擀成边长为 20 厘米的正方形面饼。如图，将巧克力馅放在面饼上。

❷ 折叠面饼的四个角，将巧克力馅包起。

❸ 捏紧收口。

<第 1 次>

❹ 用擀面杖将包好的面饼擀成长 30 厘米、宽 19 厘米的长方形后，折成 3 层。

<第 2 次>
<第 3 次>

❺ 重复 ❹ 的过程。最后再用擀面杖将面饼擀成长 20 厘米、宽 18 厘米的长方形。

❻ 将面饼从下至上卷起。

❼ 用擀面杖轻压面卷。

❽ 用刀将扁平面卷切成 5 等份。

❾ 将面卷尾部部分塞进面卷中心，放在铺有耐油纸的烤盘上。

3 发酵

使用烤箱的发酵功能，温度调为 30℃，发酵 40 分钟左右。

4 烘烤

发酵结束后，取出烤盘。将烤箱温度调到 180℃ 预热。预热结束后，烤盘放入烤箱，烘烤 15 分钟。

抹茶大理石面包
Green Tea Marble Bread

微微发苦的抹茶料是这款面包的特色，
好吃到令人欲罢不能！

材料

【面团材料】5个面包的量	
高筋面粉	200克
干酵母	3克
水	135克
食盐	2克
白糖	15克
黄油	10克

【抹茶馅材料】	
白糖	30克
低筋面粉	20克
抹茶粉	5克
水	35克
色拉油	10克

操作方法

< 基本操作参考 P13>
- 种类　　　干酵母
- 菜单　　面包面团
- 果料　　　无

【事先准备】 制作抹茶馅

❶ 白糖放入平底锅中，低筋面粉、抹茶粉过筛后也放入锅中，边加水边搅拌，直到成为顺滑抹茶酱状。最后加入色拉油。

❷ 开中火加热，用橡胶铲继续搅拌防止粘锅，水分煮干后，将锅中馅料聚成一块。注意熬煮时间不要过长，否则馅料会变得太硬不易擀开。

❸ 将煮好的馅料放在一大块保鲜膜上包好，用擀面杖将馅料擀成边长为13厘米的薄饼。

❹ 将包好的馅料放入冰箱冷藏备用。

* 制作方法 *

1 和面

将制作面团的材料放入面包桶中。面和好后，取出面团，用手轻轻拍打释放多余气体，重新搓圆，盖上湿布醒15分钟。

2 整形

❶ 用擀面杖将面团擀成边长为20厘米的正方形面饼。如图，将抹茶馅放在面饼上，折叠面饼的四个角将馅包起，捏紧收口。

<第1次>

❷ 用擀面杖将包好的面饼擀成长30厘米、宽19厘米的长方形后，折成3层。

<第2次>

❸ 重复 ❷ 的过程。

<第3次>

❹ 再用擀面杖将面饼擀成长26厘米、宽16厘米的长方形。

折叠面饼小窍门

擀面时，如果抹茶馅外露，可以用手指沾取高筋面粉涂在外露的抹茶馅上。

❺ 用刀切掉面饼的宽边，宽度约5毫米。

❻ 将切下的面边放入布丁杯中，剩下的面饼沿宽边切成5等份。

❼ 将面饼对折，中心切一刀，注意不要切断，一端留2厘米左右不切。

❽ 将面饼一端从上方塞进中心切口处后，从下方取出，再塞进，再取出，编成辫子状。放在铺有耐油纸的烤盘上。

3 发酵

使用同样方法处理其他4块面团，将布丁杯也放在烤盘上。使用烤箱的发酵功能，温度调为30℃，发酵40分钟左右。

4 烘烤

发酵结束后，取出烤盘。将烤箱温度调到180℃预热。预热结束后，烤盘放入烤箱，烘烤15分钟。

砂糖丹麦酥
Danish Pastry Sucre

终于要开始挑战制作大家心心念念的丹麦酥啦!
面包表面的珍珠糖是这款丹麦酥的特色。

操作方法

< 基本操作参考 P13 >
- 种类　　　　干酵母
- 菜单　　　面包面团
- 果料　　　　　无

✱ 材料 ✱

【面团材料】5 个面包的量

法式面包专用面粉	200 克
干酵母	3 克
水	118 克
食盐	2 克
白糖	15 克
黄油	15 克
鸡蛋	10 克

【黄油馅材料】

黄油	80 克

【装饰材料】

细砂糖	2.5 小匙
珍珠糖	适量
蛋液	适量

【事先准备】

制作黄油馅

　　用耐油纸制作一个边长为 12 厘米的正方形纸袋。黄油放入袋中,按压使其铺满整个袋子。最后放入冰箱冷藏备用。

58

* 制作方法 *

1 和面

将制作面团的材料放入面包桶中。面和好后，取出面团，用手轻轻拍打释放多余气体，用擀面杖将面团擀成边长为 18 厘米的正方形面饼。在面饼上轻轻撒一些干面粉，用保鲜膜包好防止变干，放入冰箱冷藏 20 分钟。

2 包馅

❶ 如图，将黄油馅放在面饼上。

❷ 折叠面饼的 4 个角将黄油馅包好。

❸ 用擀面杖将面饼擀平，封口处擀紧。

❹ 在面饼上撒一些干的高筋面粉（准备材料之外）。

❺ 用擀面杖将面饼擀成长 35 厘米、宽 20 厘米的长方形后，折成 3 层。

❻ 用擀面杖将面饼四周封口处擀紧。

❼ 将面饼用耐油纸裹好装入保鲜袋内，放入冰箱冷藏约 20 分钟。之后将面饼取出，重复 2 次 ❹ ～ ❼ 的步骤。

3 整形

❶ 用擀面杖将面饼擀成长 30 厘米、宽 16 厘米的长方形，切掉宽为 5 毫米的面饼边，将切下的面边放入布丁杯中。剩余面饼切成 5 条，每条宽约 3 厘米。

❷ 捏起面条两端，一端向左、一端向右扭 3 次，扭成图中形状。

❸ 将扭好的面条卷成一个圆。

❹ 将面条末端塞入圆内侧，放在铺有耐油纸的烤盘上。使用同样方法处理其他 4 块面团。

4 发酵

将布丁杯也放在烤盘上。使用烤箱的发酵功能，温度调为 35℃，发酵 30 分钟左右。

5 装饰和烘烤

发酵结束后，取出烤盘。将烤箱温度调到 200℃预热。预热结束后，在面包表面涂刷蛋液，每个面包上撒 1/2 小匙细砂糖和适量珍珠糖。烤盘放入烤箱，烘烤 15 分钟。

注意！

珍珠糖

在烤箱中加热时，珍珠糖不会融化，口感酥脆，食用时充满乐趣。

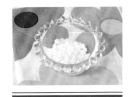

苹果丹麦酥

Apple Danish Pastry

入口瞬间会令人忍不住惊呼："这完全就是面包店出品的味道！"口感酥脆，充满香味。

操作方法

< 基本操作参考 P13 >

- 种类　　　　干酵母
- 菜单　　　面包面团
- 果料　　　　无

* 材料 *

【面团材料】2个面包的量		【黄油馅材料】	
法式面包专用面粉	200 克	黄油	90 克
干酵母	3 克	【甜煮苹果材料】	
水	105 克		
食盐	2 克	苹果	230 克
白糖	20 克	白糖	20 克
黄油	20 克	黄油	10 克
鸡蛋	15 克	【马斯卡彭芝士酱制作材料】	
		马斯卡彭芝士	100 克
		优质白砂糖	30 克

外形酷似马铃薯，非常可爱。

【事先准备】

❶ 制作黄油馅

用耐油纸制作一个边长 12 厘米的正方形纸袋。黄油放入袋中，按压使其铺满整个袋子，放入冰箱冷藏备用。

❷ 制作马斯卡彭芝士酱

将马斯卡彭芝士与优质白砂糖放入盆中，搅拌均匀。

❸ 制作甜煮苹果

·苹果削皮去核，切成 5 毫米厚的苹果片，放入锅中，加入白糖与黄油，小火熬煮，轻轻搅拌。

·熬煮时盖上锅盖，偶尔用橡胶铲搅拌。煮出汤汁后转为中火，煮至锅内食材发黄。用笊篱捞出苹果，沥干水分，放入冰箱冷藏备用。

制作方法

1 和面

将制作面团的材料放入面包桶中。面和好后，取出面团，用手轻轻拍打释放多余气体，用擀面杖将面团擀成边长为 18 厘米的正方形面饼。在面饼上轻轻撒一些干面粉（准备材料之外），用保鲜膜包好防止变干，装入保鲜袋放入冰箱冷藏 20 分钟。

2 包馅

包馅步骤参考 P59"包馅"。

3 整形

❶ 用擀面杖将面饼擀成长 37 厘米、宽 19 厘米的长方形，切掉宽为 5 毫米的面饼边，将切下的面边放入布丁杯。剩余面饼切成 2 块。

❷ 取其中一块面饼，在距面饼左右两侧边缘各 6 厘米处用直尺轻轻压出一条直线。

❸ 如图，以直线为起点，用刀在面饼上划出 8 个切口，每个切口间距 2 厘米。

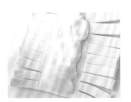

❹ 在面饼中心涂抹马斯卡彭芝士酱，酱上放甜煮苹果。

这里是成功的关键！

❺ 如图，将面饼左右两侧的面条交替向上折叠，角度略微向下，将甜煮苹果包裹在内。

❻ 如图，使用刮面板将面包放在铺有耐油纸的烤盘上，小心不要使内馅流出。用同样方法处理另一块面团。

4 发酵

将布丁杯也放在烤盘上。使用烤箱的发酵功能，温度调为 35℃，发酵 30 分钟左右。

5 装饰和烘烤

发酵结束后，取出烤盘。将烤箱温度调到 200℃ 预热。预热结束后，在面包表面涂刷蛋液，烤盘放入烤箱，烘烤 15 分钟。

切分方法
体积较大不便于食用的面包可以横着切成 4 等份。

油炸
DEEP FRY

油炸面包时，温度的控制十分重要。
油锅中放入大量食用油，低温油炸，效果更佳。
在炸豆沙甜甜圈时，
可以将包好内馅的甜甜圈放置一段时间，
待表皮变干后再入锅，
这样可以防止甜甜圈在油炸过程中出现内馅外漏。

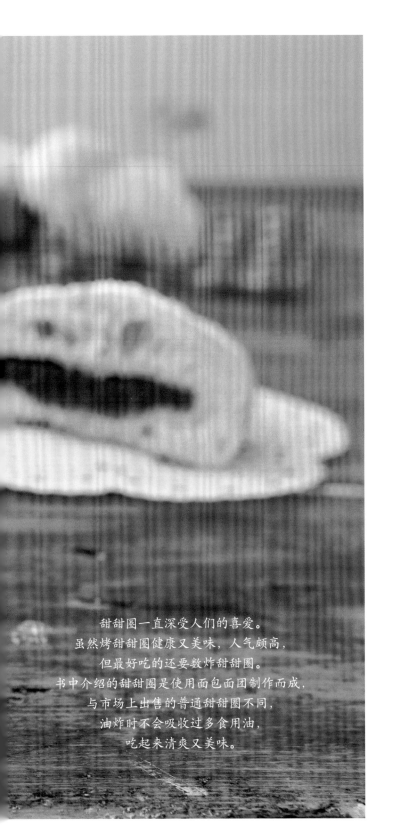

甜甜圈一直深受人们的喜爱。
虽然烤甜甜圈健康又美味，人气颇高，
但最好吃的还要数炸甜甜圈。
书中介绍的甜甜圈是使用面包面团制作而成，
与市场上出售的普通甜甜圈不同，
油炸时不会吸收过多食用油，
吃起来清爽又美味。

原味甜甜圈

【面团材料】8 个面包的量

高筋面粉	150 克
低筋面粉	50 克
干酵母	3 克
牛奶	140 克
食盐	3 克
蜂蜜	20 克
黄油	20 克

【装饰材料】

甜甜圈糖粉

┌ 优质白砂糖	30 克
└ 细砂糖	30 克

豆沙甜甜圈

【面团材料】6 个面包的量

高筋面粉	140 克
低筋面粉	60 克
干酵母	3 克
水	110 克
食盐	3 克
黑糖	15 克
黄油	20 克
鸡蛋	15 克

【面包整形时加入的材料】

豆沙馅	180 克

【装饰材料】

绵白糖	适量

原味甜甜圈

Doughnut

制作圆环与花瓣两种形状的甜甜圈，十分可爱。

* 制作方法 *

1 和面

　　将制作面团的材料放入面包桶中。面和好后，取出面团，用手轻轻拍打释放多余气体，将面团切成8份，分别搓圆，盖上湿布醒8分钟。

操作方法

< 基本操作参考 P13 >

- 种类　　　干酵母
- 菜单　　　面包面团
- 果料　　　　　无

2 包馅

❶ 用手将面团轻轻拍成面饼，释放多余气体。如图，将面饼下半部分向中心处折叠。

❷ 将面饼上半部分向中心处折叠，压紧接口处。

❸ 将面饼对折，捏紧收口。

❹ 单手将面团搓成条状。

圆环形甜甜圈

❶ 面团搓成20厘米长的条形，用手将条形面团的一端压扁。

❷ 将面团围成圆环状，用压扁的一端将另一端包起来。

❸ 捏紧收口处，用同样方法制作另外3个。

花瓣形甜甜圈

❶ 面团搓成25厘米长的条状，撒一些干面粉（准备材料之外），如图，在中心松松打1个结。

❷ 将面团两端捏在一起，用同样方法制作另外3个。

3 发酵

❶ 烤盘上铺一块干布，在干布上摆放8个甜甜圈。

❷ 在甜甜圈上盖一块湿布，在室温下发酵20分钟。

4 油炸

　　以160℃油温将甜甜圈正反面各炸2分钟。

5 装饰

　　将制作甜甜圈糖粉的材料放在保鲜袋中，搅拌均匀。炸好的甜甜圈放入保鲜袋中，不断摇动，沾取糖粉，即可食用。

豆沙甜甜圈

Bean Jam Doughnut

入口毫不油腻，美味得根本停不下来。

油 炸
DEEP FRY

* 制作方法 *

操作方法

< 基本操作参考 P13 >
- 种类　　　　干酵母
- 菜单　　　　面包面团
- 果料　　　　　　无

1 和面

　　将制作面团的材料放入面包桶中。面和好后，取出面团，用手轻轻拍打释放多余气体，将面团切成 6 份，分别搓圆，盖上湿布醒 8 分钟。

2 包馅

❶ 用手将面团轻轻拍成面饼，释放多余气体。面饼中心放入豆沙馅后包好。

❷ 捏紧收口。收口处向下放在垫布上，用手轻轻压扁。使用相同方法再制作 5 个。

3 发酵

这里是成功的关键！

　　烤盘上铺一块干布，在干布上摆放 6 个甜甜圈。在甜甜圈上盖一块湿布，在室温下发酵 20 分钟。

4 油炸

　　以 160℃油温将甜甜圈正反面各炸 1 分 30 秒。

5 装饰

　　用茶漏等工具在甜甜圈表面撒厚厚一层绵白糖。

在进烤箱之前，先用水煮一遍面团，可以使面包尝起来更有嚼劲。
完成整形后，省略发酵步骤，立刻下水去煮。
在煮面团时，注意使水一直保持在沸腾状态。
建议最好在水刚开始沸腾时进行整形。

抹茶黑糖贝果
Green Tea Kokutou Bagel

绿色的表皮非常漂亮，贝果内是美味的黑糖内馅。

* 材料 *

【面团材料】4 个面包的量	
高筋面粉	250 克
干酵母	2 克
水	175 克
食盐	2 克
黑糖	10 克
抹茶粉	3 克
【面包整形时加入的材料】	
黑糖	20 克

蓝莓贝果
Blueberry Bagel

贝果内是满满的蓝莓，
搭配芝士，好吃到停不下来！

肉桂葡萄干贝果
Cinnamon Raisin Bagel

对于肉桂爱好者来说，
这款贝果简直是最理想的美食。
贝果内的葡萄干更是为其增色不少。

* 材料 *

【面团材料】4 个面包的量

高筋面粉	250 克
干酵母	2 克
水	170 克
食盐	2 克
白糖	10 克
蓝莓干	40 克

* 材料 *

【面团材料】4 个面包的量

高筋面粉	250 克
干酵母	2 克
水	170 克
食盐	2 克
白糖	10 克
肉桂粉	1 克

【面包整形时加入的材料】

葡萄干	60 克

抹茶黑糖贝果

操作方法

<基本操作参考 P13>

- 种类　　　干酵母
- 菜单　　　面包面团
- 果料　　　　　无

制作方法

1 和面

　　将制作面团的材料放入面包桶中。面和好后，取出面团，用手轻轻拍打释放多余气体，将面团切成 4 份，分别搓圆，盖上湿布醒 10 分钟。

2 整形

❶ 用手轻拍面团释放多余气体，拍成直径 10 厘米的圆形面饼。如图，面饼上、下部分向中心折叠，压紧接缝处，中心放黑糖（5 克）。

❷ 将面饼包好，捏紧收口，防止黑糖撒出。

蓝莓贝果

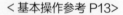

操作方法

<基本操作参考 P13>

- 种类　　　干酵母
- 菜单　　　面包面团
- 果料　　　　　无

制作方法

1 和面

　　将制作面团的材料放入面包桶中。面和好后，取出面团，用手轻轻拍打释放多余气体，将面团切成 4 份，分别搓圆，盖上湿布醒 10 分钟。

2 整形

❶ 用手轻拍面团释放多余气体，拍成直径 10 厘米的圆形面饼。如图，面饼上、下部分向中心折叠，压紧接缝处。

❷ 将面饼包好，捏紧收口。

肉桂葡萄干贝果

制作方法

1 和面

　　将制作面团的材料放入面包桶中。面和好后，取出面团，用手轻轻拍打释放多余气体，将面团切成 4 份，分别搓圆，盖上湿布醒 10 分钟。

操作方法

<基本操作参考 P13>

- 种类　　　干酵母
- 菜单　　　面包面团
- 果料　　　　　无

2 整形

❶ 用手轻拍面团释放多余气体，拍成直径 10 厘米的圆形面饼。如图，面饼上、下部分向中心折叠，压紧接缝处，面饼中心放葡萄干（15 克）。

❷ 将面饼包好，捏紧收口，防止葡萄干撒出。

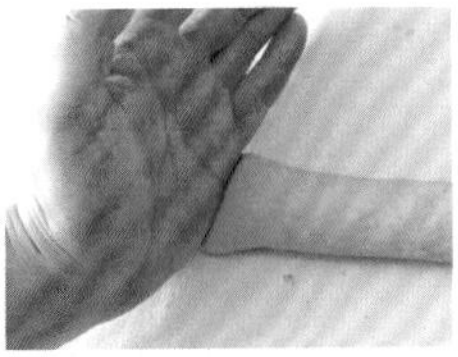

❸ 用手将面团搓成 25 厘米长的长条，将长条的一端轻轻压扁。

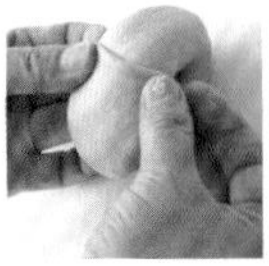
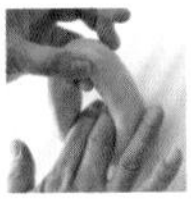

❹ 将面团围成圆环状，用压扁的一端将另一端包起来。捏紧收口处，放在铺有耐油纸的烤盘上，用同样方法制作另外 3 个。

3 水煮

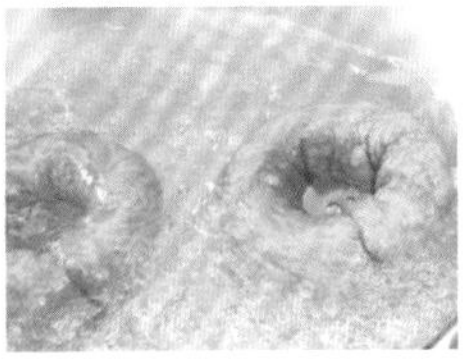

锅内的水煮沸后，将贝果放入锅中，正反面各煮 15 秒，放在铺有耐油纸的烤盘上。

4 烘烤

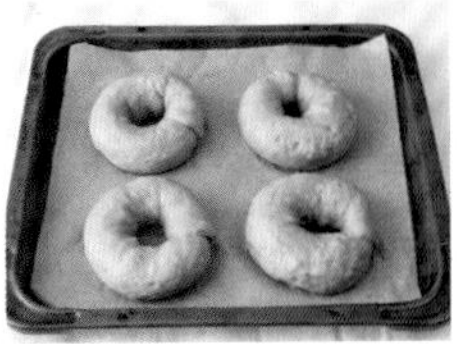

将烤箱温度调到 190℃预热。预热结束后，烤盘放入烤箱，烘烤 15 分钟。

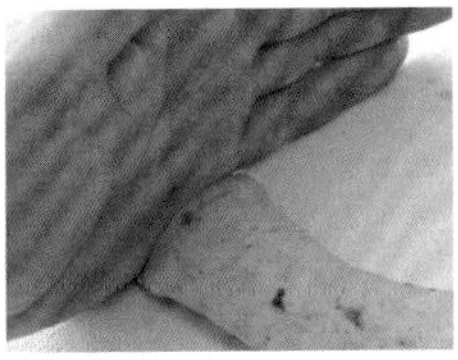

❸ 用手将面团搓成 25 厘米长的长条，将长条的一端轻轻压扁。

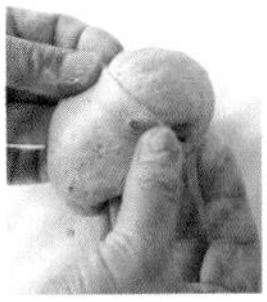
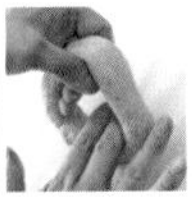

❹ 将面团围成圆环状，用压扁的一端将另一端包起来。捏紧收口处，放在铺有耐油纸的烤盘上，用同样方法制作另外 3 个。

3 水煮

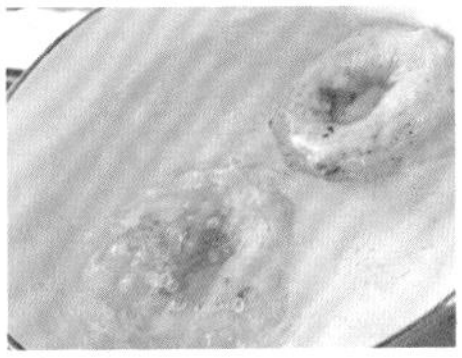

锅内的水煮沸后，将贝果放入锅中，正反面各煮 15 秒，放在铺有耐油纸的烤盘上。

4 烘烤

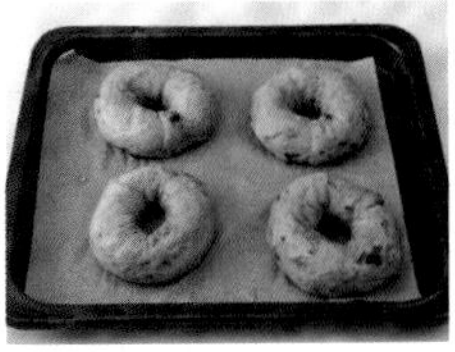

将烤箱温度调到 190℃预热。预热结束后，烤盘放入烤箱，烘烤 15 分钟。

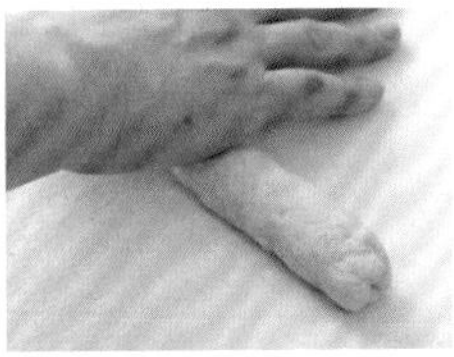

❸ 用手将面团搓成 25 厘米的长条，将长条的一端轻轻压扁。

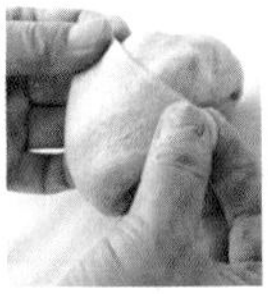
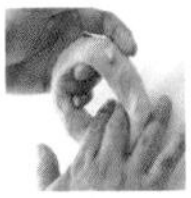

❹ 将面团围成圆环状，用压扁的一端将另一端包起来。捏紧收口处，放在铺有耐油纸的烤盘上，用同样方法制作另外 3 个。

3 水煮

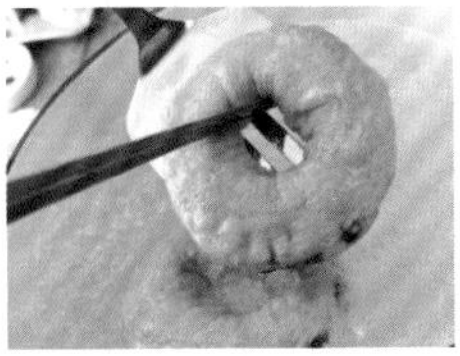

锅内的水煮沸后，将贝果放入锅中，正反面各煮 15 秒，放在铺有耐油纸的烤盘上。

4 烘烤

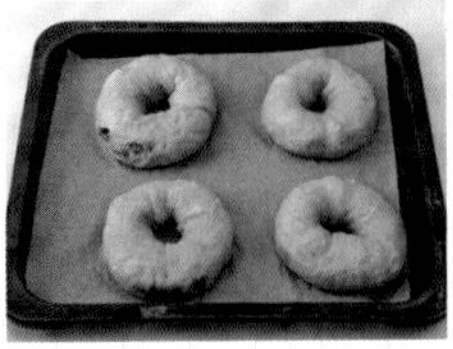

将烤箱温度调到 190℃预热。预热结束后，烤盘放入烤箱，烘烤 15 分钟。

第二章

烘焙过程全部在面包机内完成

轻轻一按
美味呈现

对于那些没有时间，

又想要吃到美味西点面包的读者而言，

这一章的面包绝对是最理想的选择。

只需要将材料放入面包机内，轻轻按下启动按钮，

4 小时之后，美味的西点面包就做好啦。

无论是抹上厚厚的一层搅奶油，

还是淋上甜甜的糖浆，或是直接食用，都非常美味。

双梅芝士吐司

Doubleberry & Creamcheese Bread

吐司略带粉色，外观非常可爱。
可以切成厚片，便于取食。

材料

【面团材料】	500 克	750 克
高筋面粉	250 克	375 克
干酵母	3 克	4 克
水	125 克	187 克
食盐	3 克	4 克
白糖	20 克	30 克
芝士	30 克	45 克
蓝莓（冷冻）	50 克	75 克

【果料盒内材料】	500 克	750 克
蔓越莓干	50 克	75 克

需要准备的
各项材料

芝士
　　从冰箱取出后可以直接使用，无需室温软化。

高筋面粉
　　高筋面粉有国产、进口等许多种类。本书中使用的是由进口小麦制作的"山茶牌（KAMERIA）"和"鹰牌（IIGURU）"高筋面粉。

水
　　使用的是自来水。如果使用矿泉水，软水和面时面会太软，硬水和面时面又会太硬。

蓝莓
　　这里使用的是冷冻蓝莓。要解冻后再放入面包桶内。

白糖
　　这里使用的是优质白糖。可以提高酵母活性。如果白糖结块，需要擀开后再加入面中。

蔓越莓
　　这里使用的是蔓越莓干。无需切碎，直接放入果料盒内。

酵母
　　干酵母。可以产生让面团膨胀的气体，最好使用高糖酵母。

食盐
　　干燥、细腻的食盐。可以使面团更有韧劲。

家用面包机的使用方法

第二章所介绍面包的制作过程全部由面包机完成。面包制作成功的关键在于准确的称量。即使发生非常微小的称量错误，也会影响面包的质量。还请各位读者不要贪图省事，一定要进行准确的称量。

下面以松下 SD－BMS102 面包机为例进行介绍。

1 安装搅拌叶片

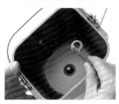

将搅拌叶片安装在面包桶内。

2 材料称重

❶ 将空面包桶放在电子秤上，显示数字设定为 0。

❷ 将面粉倒入面包桶内称好重量后，再次将显示数字设定为 0，接着继续称量下一种材料的重量。利用这种方法可以一边加入材料，一边称出其重量。

3 材料放入果料盒

面包桶放回主机中，关闭内顶盖，在果料盒内加入称好重量的蔓越莓干。

4 加入干酵母

在酵母盒中加入准备好的干酵母。

5 启动面包机

关闭外顶盖，选择"干酵母""烘烤面包""有果料""标准烤色"选项，按下启动按键。

6 面包机开始工作

面包机开始自动和面、发面、烘烤面包。当制作完成的提示音响起，按下"取消"键，从面包桶中取出烤好的面包，放在冷却架上冷却。

注意！不同面包机的功能不同

面包机的厂家和型号不同，功能也会不同。详细信息请阅读产品说明书。

无酵母盒该怎么办？

将高筋面粉堆在一起，在中间挖一个坑，将干酵母放入坑中，注意不要和食盐、水、白糖等其他材料直接接触。

无果料盒该怎么办？

设定投放材料提示音，当提示音响起时，将果料直接放入面包桶内。

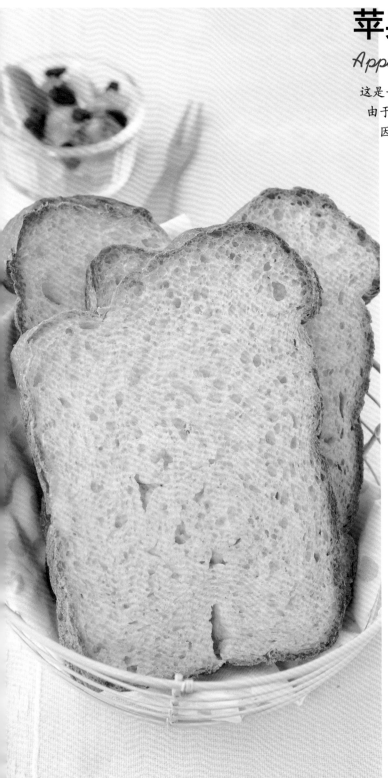

苹果香蕉吐司

Apple & Banana Bread

这是一款口感绵软的水果吐司。
由于制作时加入了新鲜水果，
因此味道非常清新柔和。

【面团材料】	500克	750克
高筋面粉	250克	375克
干酵母	2克	4克
牛奶	130克	195克
食盐	3克	4克
白糖	30克	45克
黄油	20克	30克
香蕉	40克	60克
苹果	40克	60克

制作方法

❶ 香蕉用叉子碾碎；苹果带皮切成如同火柴棍粗细的丝。

❷ 将材料放入面包桶，选择相应选项，按下启动键。

操作方法

<基本操作参考 P73>

· 种类	干酵母
· 菜单	面包面团
· 果料	无
· 烤色	标准

巧克力梅果吐司

Chocoberry Bread

刚出炉的吐司热气腾腾，
快用手撕下一小块放进口中，
品尝梅果酸酸甜甜的滋味吧。

* 材料 *

【面团材料】	500 克	750 克
高筋面粉	240 克	360 克
可可粉	10 克	15 克
干酵母	3 克	4 克
牛奶	200 克	300 克
食盐	3 克	4 克
白糖	30 克	45 克
黄油	30 克	45 克

【果料盒内材料】	500 克	750 克
蓝莓干	20 克	30 克
蔓越莓干	20 克	30 克

* 制作方法 *

将面团材料放入面包桶中，蓝莓干、蔓越莓干放入果料盒中，选择相应选项，按下启动键。

操作方法

<基本操作参考 P73>

- 种类　　　干酵母
- 菜单　　　面包面团
- 果料　　　　　有
- 烤色　　　　标准

无花果红茶吐司
Fig & Tea Bread

制作吐司时选用的是茶包中的茶叶。
整个吐司散发着红茶的清香，十分诱人。

❋ 材料 ❋

【面团材料】	500克	750克
高筋面粉	250克	375克
干酵母	3克	4克
水	175克	262克
食盐	3克	4克
白糖	20克	30克
黄油	10克	15克
红茶茶包	5克	7克

【果料盒内材料】	500克	750克
无花果干	60克	90克

＊制作方法＊

❶ 将红茶茶包中的茶叶取出。如果没有茶包，也可以用刀将茶叶切丝备用。

❷ 将面团材料放入面包桶中，无花果干放入果料盒中，选择相应选项，按下启动键。

注意!
无花果

无花果有鲜无花果、糖渍无花果等种类，这款面包中使用的是比较柔软的干无花果，方便用剪刀剪碎。如果无花果干较大，可以切块后放入果料盒中。

操作方法

烘焙模式

＜基本操作参考 P73＞

· 种类	干酵母
· 菜单	面包面团
· 果料	有
· 烤色	标准

南瓜肉桂吐司

Pumpkin Cinnamon Bread

吐司内加入了南瓜，因此口感松软。肉桂则为吐司增添了一丝微辣味。

材料

【面团材料】	500克	750克
高筋面粉	230克	375克
干酵母	2克	3克
水	110克	265克
食盐	3克	4克
白糖	40克	60克
黄油	30克	45克
南瓜（冷冻）	50克	75克
肉桂粉	3克	4克

制作方法

❶ 将冷冻的南瓜带皮放入耐高温容器内，送入微波炉加热1分30秒，取出晾凉备用。

❷ 将面团材料放入面包桶中，选择相应选项，按下启动键。

烘焙模式

操作方法

< 基本操作参考 P73>

- 种类　　　干酵母
- 菜单　　　面包面团
- 果料　　　　　无
- 烤色　　　　标准

焦糖核桃仁吐司
Caramel Walnut Bread

吐司外皮酥香可口,适合搭配热牛奶一起食用。

> 这是一款
> 越嚼越香的焦糖风味吐司,
> 将核桃仁换成葡萄干也
> 非常美味。

* 材料 *

【面团材料】	500 克	750 克
高筋面粉	230 克	375 克
干酵母	3 克	4 克
水	135 克	202 克
食盐	3 克	4 克
白糖	30 克	45 克
黄油	25 克	37 克

【焦糖核桃仁材料】	500 克	750 克
核桃仁	50 克	75 克
太妃糖	10 克	15 克
牛奶	18 克	27 克

【事先准备】制作焦糖核桃仁

❶ 将牛奶、太妃糖、核桃仁放入耐高温容器中。

❷ 用保鲜膜包好,送入微波炉内加热1分30秒。

❸ 用黄油刀等搅拌均匀。

❹ 晾凉。

* 制作方法 *

❶ 制作焦糖核桃仁,晾凉备用。

❷ 将面团材料与焦糖核桃仁放入面包桶中,选择相应选项,按下启动键。

操作方法

烘焙模式

< 基本操作参考 P73 >

- 种类   干酵母
- 菜单   面包面团
- 果料   无
- 烤色   标准

酸奶橙皮黑麦面包

Yogurt & Rye & Orange Bread

黑麦面包搭配浓香酸奶与清香橙皮，
即构成这款美味的酸奶橙皮黑麦面包。

材料

【面团材料】	500克	750克
高筋面粉	200克	300克
黑麦面粉	50克	75克
干酵母	3克	4克
水	110克	165克
食盐	4克	6克
白糖	20克	30克
酸奶（无糖）	70克	105克

【果料盒内材料】	500克	750克
橙皮	40克	60克

制作方法

❶ 将橙皮切成5毫米粗细的丝。

❷ 将面团材料放入面包桶中，橙皮丝放入果料盒中，选择相应选项，按下启动键。

操作方法

＜基本操作参考P73＞

- 种类　　　干酵母
- 菜单　　　面包面团
- 果料　　　　　有
- 烤色　　　　标准

白巧克力抹茶吐司

Green Tea & White Chocolate Bread

这是一款外观非常吸引人的吐司。白巧克力的加入更加突显出抹茶的茶香。

* 材料 *

【面团材料】	500 克	750 克
高筋面粉	230 克	345 克
抹茶粉	5 克	7 克
干酵母	3 克	4 克
水	147 克	220 克
食盐	2 克	3 克
白糖	18 克	27 克
黄油	13 克	19 克
白巧克力	45 克	68 克

* 制作方法 *

将面团材料放入面包桶中，选择相应选项，按下启动键。

烘焙模式

操作方法

< 基本操作参考 P73 >
- 种类　　　干酵母
- 菜单　　　面包面团
- 果料　　　无
- 烤色　　　标准

甜纳豆吐司

Sugar-glazed adzuki beans Bread

甜纳豆的加入起到了提味的作用。
吐司清甜，让人欲罢不能。

【面团材料】	500克	750克
高筋面粉	250克	375克
干酵母	3克	4克
水	140克	210克
食盐	2克	3克
白糖	25克	37克
黄油	30克	45克
鸡蛋	20克	30克
【果料盒内材料】	500克	750克
甜纳豆	70克	105克

* 制作方法 *

将面团材料放入面包桶中，甜纳豆放入果料盒中，选择相应选项，按下启动键。

烘焙模式

操作方法

<基本操作参考 P73>

- 种类　　　干酵母
- 菜单　　　面包面团
- 果料　　　　　有
- 烤色　　　　标准

注意！
甜纳豆

在这份食谱中，我们选用了许多种类的甜纳豆。如果只放一种，也非常好吃。

【面团材料】	500克	750克
高筋面粉	250克	375克
干酵母	3克	4克
水	175克	262克
食盐	2克	3克
黑糖	25克	37克
黄油	15克	22克

【果料盒内材料】	500克	750克
黑芝麻	15克	22克

黑糖芝麻吐司

Kokutou Sesame Bread

这是一款黑芝麻风味浓郁的黑糖吐司。
吐司内处处都可以看到可爱的黑芝麻。

* 制作方法 *

将面团材料放入面包桶中，黑芝麻放入果料盒中，选择相应选项，按下启动键。

操作方法

〈基本操作参考P73〉

- 种类　　　干酵母
- 菜单　　　面包面团
- 果料　　　　　有
- 烤色　　　　标准

第三章

自己动手为面包整形

享受整形
的乐趣

本章属于第二章的进阶篇。

虽然和面、发酵、烘烤过程都在面包机内完成，

但是需要中途从面包桶中取出面团进行整形，

整形完成后再将面包放入面包机内烘烤。

即使不使用烤箱，

也一样可以做出引人注目的可爱面包，

希望各位可以勇于尝试，

自己动手为面包整形，收获各种乐趣。

肉桂面包卷
Cinnamon Roll Bread

面包出炉后，肉桂香气扑鼻，味道微辣，
是一款适合成年人食用的甜点。

* 材料 *

【面团材料】	500 克	750 克
高筋面粉	200 克	300 克
干酵母	2 克	3 克
牛奶	130 克	195 克
食盐	2 克	3 克
白糖	25 克	37 克
黄油	20 克	30 克
鸡蛋	15 克	22 克

【面包整形时加入的材料】	500 克	750 克
液体黄油	适量	适量
肉桂糖粉	20 克	30 克

【装饰材料】	
500 克 / 750 克相同	
芝士软糖料	
┌ 芝士	50 克
│ 绵白糖	20 克
└ 柠檬汁	2 克

需要准备的各项材料

高筋面粉
高筋面粉有国产、进口等许多种类。本书中使用的是由进口小麦制作的"山茶牌(KAMERIA)"和"鹰牌(IIGURU)"高筋面粉。

鸡蛋
将鸡蛋打成蛋液。鸡蛋可以使面包口感松软、纹理细腻。

牛奶
用牛奶代替水，做出的面包微微带有甜甜的奶香味，味道更加醇厚。

芝士 / 绵白糖 / 柠檬汁
用来装饰面包表面。

肉桂糖粉 / 液体黄油
整形时使用。

食盐
干燥、细腻的食盐。可以使面团更有韧劲。

酵母
干酵母。可以产生让面团膨胀的气体。

白糖
这里使用的是优质白糖。可以提高酵母活性。如果白糖结块，需要擀开后再加入面中。

黄油
有盐黄油。可以使面包味道更好，面团更有筋道。

制作方法

1 称重、启动面包机

❶ 参考 P73 步骤，将制作面团的材料称重后，放入面包桶中。选择"干酵母""烘烤面包""有果料""标准烤色"选项，按下启动按键。

❷ 面包机自动和面、发酵。

设定自动报时

按下启动按钮后，面包机外顶盖的液晶屏上会显示面包烤好时的时间。自动报时的时间为面包烤好的时间减去 80 分钟。

＊不同厂家、不同型号的面包机显示时间的方法不同。具体情况请阅读使用说明书。

面包烤好的
🕐 **80分钟前**

2 取出面包桶

在面包烤好的 80 分钟前，将面包桶从面包机中取出，盖好外顶盖。取出面团，取下面包桶内的搅拌叶片。

3 整形

❶ 用手将面团压扁成长 20 厘米、宽 18 厘米的长方形面饼（750 克面包需要压扁成长 22 厘米、宽 20 厘米的长方形面饼）。

❷ 用毛刷在面饼表面涂刷液体黄油，边缘留 1 厘米空白不涂，接着撒肉桂糖粉。

❸ 将面饼由下至上卷起。

❹ 卷好后捏紧收口。

❺ 用刀切成 2 等份。

4 烘烤

将面包桶放回面包机内，关闭外顶盖进行烘烤。

5 装饰

面包稍稍冷却后，将芝士软糖料放入保鲜袋中，在面包表面挤花。

＊为了方便挤花，可以在保鲜袋内多装一些软糖料。

图片中面包表面的软糖料为格子形，也可以做成其他喜欢的形状。

87

巧克力酥皮面包

Chocolate Topping Bread

酥皮的加入使普通的面包变得华丽。
制作步骤简单，初学者也可以轻松驾驭。

* 材料 *

【面团材料】	500 克	750 克
高筋面粉	150 克	225 克
干酵母	2 克	3 克
水	80 克	120 克
食盐	1 克	2 克
白糖	30 克	45 克
黄油	20 克	30 克
鸡蛋	20 克	30 克

【巧克力酥皮材料】	500 克	750 克
黄油	15 克	22 克
白糖	30 克	45 克
鸡蛋	20 克	30 克
低筋面粉	25 克	37 克
可可粉	5 克	7 克
牛奶	15 克	22 克

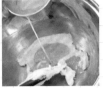
❶ 黄油在室温下软化，放入盆中，碾碎，加入白糖，搅拌至黄油发白为止。

❷ 加入蛋液，改用手动打蛋器搅拌。

❸ 低筋面粉和可可粉过筛后加入盆中，搅拌至无颗粒感后，加入牛奶，搅拌均匀。

❹ 将盆中材料放入保鲜袋中，放入冰箱冷藏备用。

操作方法

<基本操作参考 P73>
- 种类　　　　　干酵母
- 菜单　　　　　面包面团
- 果料　　　　　　无
- 烤色　　　　　标准

烘焙模式

制作方法

1 和面、发酵

将制作面团的材料称重后，放入面包桶中。选择相应选项，按下启动键。另外准备自动报时器，将自动报时设定在面包烤好前 60 分钟时响起。

面包烤好的
🕐 **60**分钟前

2 取出面包桶

自动报时声响起后，将面包桶从面包机中取出，盖好外顶盖。

*在整形时，面包机还在运转。为了做出美味的面包，请尽量将整形时间控制在 10 分钟以内。

3 整形

❶ 从冰箱中取出巧克力酥皮材料，用剪刀剪掉保鲜袋的一个角。

❷ 如图所示，以画圆的方式将巧克力酥皮挤满整个面包表面。如果酥皮有剩余，可以再挤第二层，将做好的酥皮材料全部用完。

4 烘烤

将面包桶放回面包机内，关闭外顶盖进行烘烤。

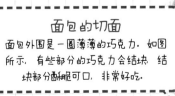
面包的切面
面包外围是一圈薄薄的巧克力。如图所示，有些部分的巧克力会结块，结块部分酥脆可口，非常好吃。

芝麻豆沙面包

Hard Sesame & Bean Jam Bread

用面包机也可以烘烤出外观如此可爱的豆沙面包，十分方便易做。

<基本操作参考 P73>

操作方法

- 种类　　　　干酵母
- 菜单　　　　面包面团
- 果料　　　　无
- 烤色　　　　标准

* 材料 *

【面团材料】	500 克	750 克
法式面包专用面粉	250 克	375 克
干酵母	3 克	4 克
水	165 克	247 克
食盐	3 克	4 克
白糖	8 克	12 克
黑芝麻	10 克	15 克

【面包整形时加入的材料】	500 克	750 克
豆沙馅	240 克	360 克
色拉油	适量	适量

* 制作方法 *

面包烤好的
⏰ **80 分钟前**

1 和面、发酵

将制作团面的材料放入面包桶中。选择相应选项，按下启动键。另外准备自动报时器，将自动报时设定在面包烤好前 80 分钟时响起。

2 取出面包桶

自动报时声响起后，将面包桶从面包机中取出，盖好外顶盖。

*在整形时，面包机还在运转。为了做出美味的面包，请尽量将整形时间控制在 10 分钟以内。

3 整形

❶ 从面包桶中取出面团，用手轻拍释放多余气体，用刮面板将面团切成 12 等份。

❷ 用手压扁小面团，释放多余气体，在面饼中心放豆沙馅（20 克），按照图片中的方法包好。

❸ 捏紧收口，防止豆沙馅外漏。用同样的方法处理其他 11 块面团。

❹ 用毛刷在面包表面涂刷色拉油。

❺ 取下面包桶内的搅拌叶片，第一层放 6 个，第二层放 6 个。

4 烘烤

将面包桶放回面包机内，关闭外顶盖进行烘烤。

葡萄干橙皮面包

Rainsin orange Roll

面包整形完成后，放入面包桶时可以稍稍随意一些，这样可以形成非常可爱的涡形花纹。

> 面包烤好后上色较深，如果不喜欢较深的烤色，可以选择较浅的烤色选项。

✱ 材料 ✱

【面团材料】	500 克	750 克
高筋面粉	200 克	300 克
干酵母	2 克	3 克
水	120 克	180 克
食盐	2 克	3 克
白糖	35 克	52 克
黄油	30 克	45 克

【面包整形时加入的材料】	500 克	750 克
橙皮酱	1 大匙	1.5 大匙
色拉油	1 大匙	1.5 大匙

【果料盒内材料】	500 克	750 克
葡萄干	50 克	75 克

操作方法

<基本操作参考 P73>

- 种类　　　干酵母
- 菜单　　　面包面团
- 果料　　　　　有
- 烤色　　　　标准

✱ 制作方法 ✱

1 和面、发酵

将制作面团的材料放入面包桶中，葡萄干浸水后沥干，放入果料盒中。选择相应选项，按下启动键。另外准备自动报时器，将自动报时设定在面包烤好前 80 分钟时响起。

面包烤好的
🕐 **80分钟前**

2 取出面包桶

自动报时声响起后，将面包桶从面包机中取出，盖好外顶盖。

＊在整形时，面包机还在运转。为了做出美味的面包，请尽量将整形时间控制在 10 分钟以内。

3 整形

❶ 从面包桶中取出面团，用手轻拍释放多余气体，将面团拍成长 20 厘米、宽 15 厘米的长方形面饼（750 克面包需要压扁成长 22 厘米、宽 17 厘米的长方形面饼）。

4 烘烤

❷ 在面饼上涂橙皮酱，撒白砂糖（准备材料之外）。将面饼的长边从下至上卷起。

❸ 卷好后捏紧收口，用刀切成 8 个。

❹ 取下面包桶内的搅拌叶片，将面包随意放入面包桶内。

将面包桶放回面包机内，关闭外顶盖进行烘烤。

黑糖坚果面包

Kokutou Nuts Bread

面包切面呈淡淡的茶色，
那是黑糖的颜色，十分诱人。

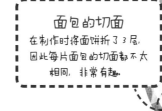

面包的切面

在制作时将面饼折了3层，因此每片面包的切面都不太相同，非常有趣。

* 材料 *

【面团材料】	500 克	750 克
高筋面粉	250 克	375 克
干酵母	3 克	4 克
水	140 克	210 克
食盐	3 克	3 克
黑糖	35 克	52 克
黄油	30 克	45 克
鸡蛋	25 克	37 克

【面包整形时加入的材料】	500 克	750 克
黑糖	35 克	52 克
核桃仁	60 克	90 克

操作方法

< 基本操作参考 P73 >

- 种类　　　　　干酵母
- 菜单　　　　面包面团
- 果料　　　　　　无
- 烤色　　　　　标准

* 制作方法 *

面包烤好的
80 分钟前

1 和面、发酵

　　将制作面团的材料放入面包桶中，选择相应选项，按下启动键。另外准备自动报时器，将自动报时设定在面包烤好前 80 分钟时响起。

2 取出面包桶

　　自动报时声响起后，将面包桶从面包机中取出，盖好外顶盖。

＊在整形时，面包机还在运转。为了做出美味的面包，请尽量将整形时间控制在 10 分钟以内。

3 整形

❶ 从面包桶中取出面团，用手将面团拍成长 22 厘米、宽 18 厘米的长方形面饼（750 克面包需要压扁成长 24 厘米、宽 20 厘米的长方形面饼）。

❷ 在面饼上撒黑糖和烘烤过的核桃仁，边缘留下 1 厘米空白不撒。将面饼的长边从下至上卷起，卷好后捏紧收口。

4 烘烤

❸ 如图，将面饼折成 3 层。

❹ 取下面包桶内的搅拌叶片，将面包放入面包桶内。

　　将面包桶放回面包机内，关闭外顶盖进行烘烤。

图书在版编目（CIP）数据

荻山和也的手作面包：极简日式烘焙日常 . 3 /
（日）荻山和也著；谷文诗译 . —— 南京：江苏凤凰科学
技术出版社 , 2018.7
　　ISBN 978-7-5537-5192-4

　　Ⅰ . ①荻… Ⅱ . ①荻… ②谷… Ⅲ . ①面包 - 制作
Ⅳ . ① TS213.2

中国版本图书馆 CIP 数据核字 (2017) 第 216932 号

著作权合同登记 图字：10-2017-219

OGIYAMA KAZUYA NO HOME BAKERY DE TANOSHIMU MINNA DAISUKI SWEETS-PAN
Copyright © TATSUMI PUBLISHING CO., LTD. 2011
All rights reserved.
Originally published in Japan by TATSUMI PUBLISHING CO.,LTD.
Chinese (in simplified character only) translation rights arranged with
TATSUMI PUBLISHING CO.,LTD. through CREEK & RIVER Co., Ltd.
Simplified Chinese Copyright© 2018 by Phoenix-HanZhang Publishing and Media (Tianjin) Co., Ltd.

荻山和也的手作面包　极简日式烘焙日常3

著　　　者	[日]荻山和也	
译　　　者	谷文诗	
责 任 编 辑	葛　昀	
责 任 监 制	曹叶平　　方　晨	
出 版 发 行	江苏凤凰科学技术出版社	
出版社地址	南京市湖南路 1 号 A 楼，邮编：210009	
出版社网址	http://www.pspress.cn	
印　　　刷	北京博海升彩色印刷有限公司	
开　　　本	718mm×1000mm　1/16	
印　　　张	6	
字　　　数	60 000	
版　　　次	2018年7月第1版	
印　　　次	2018年7月第1次印刷	
标 准 书 号	ISBN 978-7-5537-5192-4	
定　　　价	39.80元	

图书如有印装质量问题，可随时向我社出版科调换。